多组分自旋轨道耦合玻色-爱因斯坦凝聚体的基态和动力学研究

杨 慧 / 著

中国原子能出版社

图书在版编目（CIP）数据

多组分自旋轨道耦合玻色—爱因斯坦凝聚体的基态和
动力学研究 / 杨慧著. -- 北京：中国原子能出版社，
2022.7

ISBN 978-7-5221-2024-9

Ⅰ. ①多… Ⅱ. ①杨… Ⅲ. ①玻色凝聚—研究 Ⅳ.
①O414.2

中国版本图书馆 CIP 数据核字（2022）第 144096 号

内 容 简 介

玻色—爱因斯坦凝聚体（BECs）的实验实现，是现代物理学的一个里程碑式的重大突破，它开启了宏观量子多体现象研究的新纪元。特别是近年来，科学家实现了超冷原子气体中的自旋轨道耦合（SOC），极大地激发了人们对自旋轨道耦合量子气体的研究兴趣。这种崭新可控的人工 SOC，不仅为自旋子霍尔效应、拓扑超导体和拓扑超流体的量子模拟提供了新的可能性，而且为探索冷原子物理和凝聚态物理等领域的奇特量子现象和新颖物态提供了新的方向。本书主要利用量子多体理论、平均场理论并结合数值计算与模拟，研究多组分 SOC BECs 的基态结构和动力学性质，发现了一些有趣的量子相、新颖的拓扑激发和独特的动力学性质，为相关的冷原子实验提供了理论依据。

多组分自旋轨道耦合玻色—爱因斯坦凝聚体的基态和动力学研究

出版发行	中国原子能出版社（北京市海淀区阜成路 43 号　100048）
责任编辑	白皎玮
责任校对	冯莲凤
印　　刷	北京九州迅驰传媒文化有限公司
经　　销	全国新华书店
开　　本	710 mm×1000 mm　1/16
印　　张	9
字　　数	141 千字
版　　次	2024 年 3 月第 1 版　2024 年 3 月第 1 次印刷
书　　号	ISBN 978-7-5221-2024-9　　定　价　168.00 元

网址：http://www.aep.com.cn　　E-mail：atomep123@126.com
发行电话：010—68452845

前　言

玻色—爱因斯坦凝聚体(BECs)的实验实现,是现代物理学的一个里程碑式的重大突破,它开启了宏观量子多体现象研究的新纪元。特别是近年来,科学家实现了超冷原子气体中的自旋轨道耦合(SOC),极大地激发了人们对自旋轨道耦合量子气体的研究兴趣。这种崭新可控的人工 SOC,不仅为自旋量子霍尔效应、拓扑超导体和拓扑超流体的量子模拟提供了新的可能性,而且为探索冷原子物理和凝聚态物理等领域的奇特量子现象和新颖物态提供了新的方向。本书主要利用量子多体理论、平均场理论并结合数值计算与模拟,研究多组分 SOC BECs 的基态结构和动力学性质,发现了一些有趣的量子相、新颖的拓扑激发和独特的动力学性质,为相关的冷原子实验提供了理论依据与参考。本书的主要工作如下:

首先,研究了环形阱中含有 SOC 和偶极-偶极相互作用(DDI)的 BECs 的基态特性。采用基于 Peaceman-Rachford 算法的虚时传播法,数值求解耦合的 Gross-Pitaevskii 方程组得到系统的基态波函数。讨论了 SOC 和 DDI 的共同作用对系统基态结构的影响,给出了以 SOC 强度和 DDI 强度为变化参数的基态相图。作为两个新的自由度,DDI 和 SOC 能够被精确调控以获得预期的基态相,并且可用来操控不同基态相之间的相变。特别地,该体系展现出奇特的拓扑结构和自旋纹理。

其次,研究了两维的光晶格和简谐势阱构成的组合势阱中旋转的 Rashba-Dresselhaus SOC(RD-SOC)BECs 的拓扑激发。主要考察了两维各向同性 RD-SOC 情形、两维各向异性 RD-SOC 情形和一维 RD-SOC 情形,SOC、旋转频率和粒子相互作用等因素对体系的基态结构和自旋纹理的影响。研究表明,系统支持新颖的涡旋结构、自旋纹理和斯格明子激发,包括奇特的斯格明子-半斯格明子晶格(斯格明子-梅陇晶格)、复杂的梅陇晶格、斯格明子链和 Bloch 畴壁等。

再者,研究了平面四极磁场中旋转的 SU(2)SOC 和 SU(3)SOC 自旋-1BECs 的拓扑激发。综合分析和讨论了多组分的序参量、平面四极磁场、SU(2)SOC、SU(3)SOC、自旋交换相互作用和旋转等因素对体系的拓扑结构的影响。无旋转时,对于固定 SU(2)SOC 强度的 BECs,随着平面四极磁场强度的增加,系统将发生相变,从无核的极性核涡旋态转变成一个奇异的极性核涡旋态。而对于 SU(3)SOC 情形,增强的平面四极磁场将驱使系统从涡旋-反涡旋簇态进入极性核涡旋态。当不存在旋转且平面四极磁场强度固定时,随着 SU(2)SOC 强度的增大,系统首先从一个中心 Mermin-Ho 涡旋态转变成纵横交错的涡旋-反涡旋串晶格。相比之下,增大的 SU(3)SOC 强度能够导致系统的相变,从涡旋-反涡旋簇态转化成弯曲的涡旋-反涡旋链。特别地,对于旋转情形,给出了一个以平面四极磁场强度和 SU(2)SOC 强度为变化参数的基态相图。研究表明,旋转的系统能够产生四种典型的量子相:旋转对称的涡旋项链、对角的涡旋链簇态、单个对角涡旋链和少涡旋态。此外,该体系支持新颖的自旋纹理和斯格明子结构,如纵横交错的半斯格明子-半反斯格明子(梅陇-反梅陇)晶格、弯曲的半斯格明子-半反斯格明子链、斯格明子-半斯格明子项链、对称的半斯格明子晶格以及非对称的斯格明子-半斯格明子晶格。

最后,研究了旋转的环形阱中 SOC 自旋-1BECs 的动力学。在系统制备到基态后,某一时刻突然让体系旋转起来,从而得到旋转的 SOC 自旋-1BECs 达到平衡时的稳态结构,并且还可以考察该体系由开始旋转至达到平衡整个过程中的动力学。研究表明,在旋转的早期阶段,凝聚体密度由于表面波激发产生剧烈的湍流振荡,凝聚体的表面有鬼涡旋形成。随着时间的演化,鬼涡旋开始进入原子云内部变成显涡旋,呈无规则分布。接下来,密度分布逐渐变得比较规则,相位缺陷逐渐向阱中心聚集形成多量子涡旋。对于给定的参数,体系最终形成稳定对称的三组分涡旋量子数依次相差为 1 的巨涡旋结构。

在本书的撰写过程中,不仅参阅、引用了很多国内外相关文献资料,而且得到了同事亲朋的鼎力相助,在此一并表示衷心的感谢。由于作者水平有限,书中疏漏之处在所难免,恳请同行专家以及广大读者批评指正。

作　者
2022 年 4 月

目　录

第1章 绪 论

1.1 玻色—爱因斯坦凝聚

早在 1924—1925 年玻色和爱因斯坦就从理论上预言存在一种特殊的物质状态,所谓的玻色—爱因斯坦凝聚(Bose-Einstein condensation,BEC)[1,2],即当温度 T 足够低、原子的运动速度足够慢时,全同粒子玻色理想气体将发生相变,宏观数量的原子将凝聚到能量最低的同一量子态,形成量子简并。此时,所有的原子就象一个原子一样,具有完全相同的物理性质。根据量子力学中的德布洛意关系,$p = h/\lambda$。粒子的运动速度越慢(温度越低),其物质波的波长就越长。当温度足够低时,原子的德布洛意波长与原子之间的距离在同一量级上,此时,体系形成一个整体的物质波,所有原子处于完全相同的状态,其性质由一个原子的波函数即可描述;当温度为绝对零度时,热运动现象就消失了,原子处于理想的 BEC。要实现 BEC,原子必须处于气态且温度极低的条件,早期通过实验实现 BEC 是基本不可能的。直到 1938 年,F. London 和 L. Tisza 都认为氦原子的 BEC 现象才是导致液氦 ^{4}He 具有超流性的真正原因[3,4],这才使得 BEC 这个预言被大家所重视。然而由于液氦 ^{4}He 原子间强的相互作用,其不是理想玻色气体,凝聚现象并不明显,所以 BEC 的早期理论和实验进展非常缓慢。随着激光冷却技术和囚禁中性原子技术的逐步发展,BEC 的实现逐步地成为可能。研究表明,由于碱金属原子气体的稀薄性,Feshbach 共振技术可以改变碱金属原子间的散射长度,从而达到调节原子间的相互作用。许多从事实验的物理学家将目光转向了碱金属原子。

直到 1995 年,Wieman 和 Cornell 研究组在实验上首次实现了碱金属[87]Rb 原子的 BEC[5]，见示意图 1-1，同年，Ketterle 小组和 Hulet 小组分别在[23]Na 和[7]Li 中观测到 BEC[6,7]。从此，超冷原子领域掀起了研究热潮，大量的理论和实验研究工作涌现出来。BEC 成为一种特殊的低温实验室，为研究原子分子物理、凝聚态物理和光学等领域的新现象和新物理开辟了新途径。随后许多金属元素如[1]H[8]，[4]He[9]，[41]K[10]，[33]Cs[11]，[11]Yb[12]和[12]Cr[13]等也都实现了 BEC。实验上人们常用光阱、磁阱以及混合势阱等囚禁玻色—爱因斯坦凝聚体（Bose-Einstein condensates，BECs）。当 BECs 被限制在磁势阱（如四极阱，Loff-Pritvhard 阱，时间轨道势阱等）中时，原子处于弱场束缚态，内部自由自旋度被冻结，此时凝聚体性质可以通过标量形式的序参量来描述，称为标量 BECs。当 BECs 被限制在光势阱中时，内部自旋自由度被释放，其磁化性质由自旋相互作用决定，这样的体系称为旋量 BECs。此后的十多年里 BEC 在理论和实验方面取得了巨大的发展。冷原子实验技术可以使得人们对系统几何、密度、纯度以及粒子间的相互作用等参数调控达到前所未有的程度，这为原子与分子物理、凝聚态物理和光学等领域中以前难以探索和检验的研究主题提供了新的可能，注入了新的研究活力。

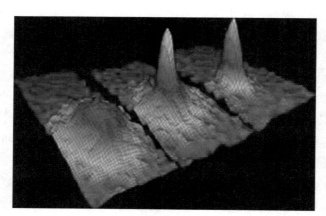

图 1-1　铷原子的玻色—爱因斯坦凝聚

与此同时，我国研究人员对 BEC 实验的发展也做出了重要的贡献。中科院上海光机所、北京大学分别于 2002 年、2004 年在上、下双磁光阱实验装置中实现了[87]Rb 原子的 BEC，中科院武汉物理与数学所在 2006 年实现了水平双磁光阱装置中[87]Rb 原子的 BEC，2008 年中科院上海光机所实现了国内首个芯片 BECs。近年来,山西大学[14,15]、中国科大[16]、清华大学[17]、中科院物理所和华东师范大学等研究机构相继开展了冷原子分子物理实验方面的实验研究工作,取得了一系列丰硕的研究成果。

关于 BEC 的研究目前覆盖了包括凝聚态物理、原子分子物理、量子光学与量子信息、非线性物理、粒子物理和精密测量物理等诸多学科领域。特别是,近年来随着分子 BECs 与费米凝聚体、光晶格中的 BECs、旋量 BECs、偶极 BECs、激子 BECs、腔中的 BECs、自旋轨道耦合量子气体、量子液滴和时间晶体等的实现,BEC 作为第五种物质形态,为物理学家探索未知的物理现象与规律提供了无可取代的新平台,具有重要的理论研究价值。与此同时,由于 BECs 具有前所未有的纯度、相干性和精确可控性等特点,使得它在量子信息存储技术、芯片技术、精密测量和纳米技术等方面具有重要的应用前景。

1.2   冷原子中的自旋轨道耦合

自旋轨道耦合(spin-orbit coupling,SOC)是指量子粒子的自旋和其动量之间的相互作用,其普遍存在于凝聚态物理系统中。自旋电子学中,由于 SOC 的存在,人们能够通过施加电场的方式来操控电子的自旋,使其在实际材料中具有很好的应用前景。SOC 效应是一个相对论效应,自然界中的玻色子的本征 SOC 效应非常弱,在实验上一般采用激光和原子的相互作用产生人工 SOC。近来,人工自旋轨道耦合玻色子实验的实现[16,18,19]和人工自旋轨道耦合费米子实验的实现[14,15,20]不仅提供了模拟带电粒子对外部电磁场响应的平台,而且为发现奇特的量子态提供了新的机遇[21-34]。

在凝聚态系统中,SOC 对于自旋-霍尔效应[35,36]和拓扑绝缘体[37-39]的形成起着至关重要的作用。近来有关研究表明冷原子体系中的 SOC能产生许多新奇的量子相,如平面波相[40]、条纹相[41-43]、亮孤子[44-45]、暗孤子[46]、半量子涡旋结构[47]和拓扑超流相[16]等,极大地丰富了 BECs系统的相图和物理性质。

2011 年,Spielman 小组采用双光子 Raman 耦合方案在实验上实现了超冷玻色子的人工 SOC[18],其实验原理如图 1-2 所示。利用

$|F=1,m_F=-1\rangle=|\uparrow\rangle$ 与 $|F=1,m_F=-1\rangle=|\downarrow\rangle$，一对反向传播的拉曼激光耦合原子自旋态，同时还有 $|F=1,m_F=-1\rangle=|\downarrow\rangle$ 与 $|F=1,m_F=-1\rangle=|\uparrow\rangle$ 的耦合。此体系的单粒子哈密顿量可以表示为

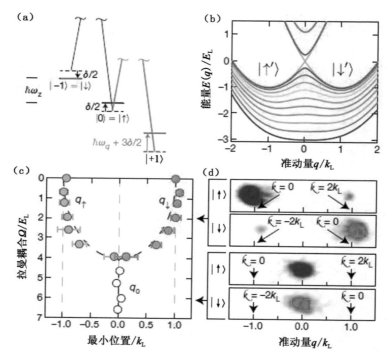

图 1-2　人工合成一维自旋轨道耦合的示意图[18]。(a)两束拉曼激光耦合 $|F=1,m_F=-1\rangle=|\uparrow\rangle$ 与 $|F=1,m_F=-1\rangle=|\downarrow\rangle$，(b)自旋轨道耦合两组分玻色凝聚的色散关系，(c)最小值的测量，(d)动量的分解

$$H=\begin{pmatrix} \dfrac{k_x^2}{2m}+\varepsilon_1 & \dfrac{\Omega}{2}e^{i2k_0x} & 0 \\[2ex] \dfrac{\Omega}{2}e^{-i2k_0x} & \dfrac{k_x^2}{2m} & \dfrac{\Omega}{2}e^{i2k_0x} \\[2ex] 0 & \dfrac{\Omega}{2}e^{-i2k_0x} & \dfrac{k_x^2}{2m}+\varepsilon_2 \end{pmatrix} \qquad (1\text{-}1)$$

式中，$k_0 = \dfrac{2\pi}{\lambda}$，$\lambda$ 为两束激光的波长。$2k_0$ 表示双光子过程中的动量转移。$\varepsilon_1 = \Delta_1 + \Delta_2 + \delta\omega$，$\varepsilon_2 = \Delta_1 - \Delta_2 + \delta\omega$，这里 Δ_1 与 Δ_2 分别指线性和非线性拉曼效应，$\delta\omega$ 表示两束激光间的频率差。现在对波函数进行酉变换 $\Phi = U\Psi$，这里

$$U = \begin{pmatrix} e^{-2k_0 x} & 0 & 0 \\ 0 & 1 & 0 \\ 0 & 0 & e^{-2k_0 x} \end{pmatrix} \qquad (1\text{-}2)$$

有效的哈密顿量表示为

$$H = UHU^{-1} = \begin{pmatrix} \dfrac{(k_x + 2k_0)^2}{2m} + \varepsilon_1 & \dfrac{\Omega}{2} & 0 \\ \dfrac{\Omega}{2} & \dfrac{k_x^2}{2m} & \dfrac{\Omega}{2} \\ 0 & \dfrac{\Omega}{2} & \dfrac{(k_x + 2k_0)^2}{2m} + \varepsilon_1 \end{pmatrix} \qquad (1\text{-}3)$$

在上述情况下，低能物理是通过单体的缀饰态 $\left(\dfrac{1}{2m}\right)(k_x - A_x)^2$ 来表示的。如果 A_x 是常数，以上是均匀的矢量规范场。假如加入梯度磁场，则 A_x 表示空间变化的函数，实验中，Spielman 小组在此系统中加了一个沿 y 方向的塞曼磁场，这时 A_x 不再是常数，它是与 y 有关的函数。从而产生了一个非零的人造磁场 $B_z = -\partial_y A_x \neq 0$。假如 A_x 与时间有关，就产生非零的人造电场 $E_x = -\partial_t A_x \neq 0$[18,49]。调节拉曼场以及激光频率，使得 $\Delta_1 + \delta\omega$ 近似于 Δ_2，同时 ε_1 接近 0，但是 ε_1 近似等于 $2\Delta_2$，$|1,1\rangle$ 能级远远大于另外两个能级。此时，低能为例含有两个能量最低点，其分别占据态 $|1,-1\rangle$ 和态 $|1,0\rangle$，可以只考虑 $|1,-1\rangle$ 和态 $|1,0\rangle$ 两个低能级，简化后的有效的哈密顿量表示为

$$H' = \begin{pmatrix} \dfrac{k_x^2}{2m} + \dfrac{h}{2} & \dfrac{\Omega}{2} e^{i2k_0 x} \\ \dfrac{\Omega}{2} e^{-i2k_0 x} & \dfrac{k_x^2}{2m} - \dfrac{h}{2} \end{pmatrix} \qquad (1\text{-}4)$$

通过转换，得

$$H'_{SO} = UH'U^{-1} = \begin{pmatrix} \dfrac{(K_x + K_0)^2}{2m} + \dfrac{h}{2} & \dfrac{\Omega}{2} \\ \dfrac{\Omega}{2} & \dfrac{(K_x - K_0)^2}{2m} - \dfrac{h}{2} \end{pmatrix} \qquad (1\text{-}5)$$

通过求解可以表示成

$$H'_{SO}=\frac{1}{2m}(k_x+k_0\sigma_z)^2+\frac{\Omega}{2}\sigma_x+\frac{h}{2}\sigma_x \tag{1-6}$$

将泡利矩阵进行转换 $\sigma_x\to-\sigma_z,\sigma_z\to\sigma_x$，上面的哈密顿量可以等价于

$$H'_{SO}=\frac{1}{2m}(k_x+k_0\sigma_x)^2-\frac{\Omega}{2}\sigma_z+\frac{h}{2}\sigma_x \tag{1-7}$$

这种耦合形式分别对应 Rashba($k_x\sigma_x+k_y\sigma_y$)与 Dresselhaus($k_x\sigma_x-k_y\sigma_y$)SOC 的等权重叠加。也可以把它叫作 Rashba-Dresselhaus SOC[50-52]。

2012 年,山西大学张靖小组实现了[40]K 简并费米子中的 SOC[14]。随后 Zwierlein 小组也实现了[6]Li 气体中的 SOC。在 2016 年,中国科学技术大学潘建伟实验组在[87]Rb 气体中实现了二维 SOC[16],实验装置如图 1-3 所示。同年山西大学张靖实验小组利用三束激光耦合原子的超精细态在超冷费米气体中也实现了二维自旋轨道耦合[15],实验装置如图 1-4 所示。此外,研究人员从理论上提出了多种实现 SOC 的方案[53-57]。自旋轨道耦合在量子气体中的实现,开辟了冷原子研究的新方向,如自旋涡旋阵列的产生,光与原子相互作用对旋量 BECs 拓扑激发的影响。科研人员不仅探索了自旋轨道耦合量子气体的性质,还在实验上成功模拟了自旋霍尔效应[58]和 Zitterbewegung[59,60]等现象,并提出了利用具有显著 SOC 效应的冷原子气体来研究量子霍尔效应[61]和反常量子自旋霍尔效应[62]等方案,拓展了冷原子物理的研究范畴。

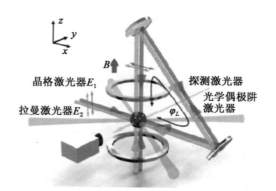

图 1-3　玻色气体的二维自旋轨道耦合实验装置

图 1-4　费米子系统中二维自旋轨道耦合实验装置

1.3　量子化涡旋

自旋轨道耦合或者旋转的 BECs 能够产生量子化涡旋。量子化涡旋是玻色凝聚体中携带角动量和能量的拓扑缺陷。玻色凝聚体中的量子涡旋和经典涡旋最重要的区别在于前者具有确定的相位,且环量是量子化的[63]。玻色凝聚能够用序参量或者宏观波函数 ψ 来表示。在这里把 ψ 分解成振幅 A 和相位 θ 的表示形式,即

$$\psi(\mathbf{r},t)=A(\mathbf{r},t)e^{i\theta(\mathbf{r},t)}, \tag{1-8}$$

凝聚体的质量密度 ρ 和粒子流密度 $\mathbf{j}$ 分别表示为:

$$\rho(\mathbf{r},t)=M|\psi(\mathbf{r},t)|^2=MA^2(\mathbf{r},t), \tag{1-9}$$

$$\mathbf{j}(\mathbf{r},t)=\frac{\hbar}{2i}(\psi^*\nabla\psi-\psi\nabla\psi^*)=\rho(\mathbf{r},t)\frac{\hbar}{M}\nabla\theta(\mathbf{r},t), \tag{1-10}$$

凝聚体的速度可以用粒子流密度和质量密度比值表示:

$$v_s(\mathbf{r},t)=\frac{\hbar}{M}\nabla\theta(\mathbf{r},t), \tag{1-11}$$

式中,我们可以看出凝聚体速度只和相位的空间梯度有关系。凝聚体速

度 $v_s(\mathbf{r},t)$ 是标量函数 $\theta(\mathbf{r},t)$ 的梯度,所以其是无旋的。其中波函数肯定是单值的,将式(1-11)沿着封闭曲线环绕一圈,得量子环流

$$\Gamma = \frac{\hbar}{M}\oint \nabla\theta\, \mathrm{d}r = kn\,(n=0,\pm1,\pm2),\qquad(1-12)$$

其中,$k=\dfrac{h}{M}$。表达式(1-12)是 Onsager-Feynman 环流量子化条件。量子化涡旋最早在超流液氦中被发现[64],并由 Onsager 和 Feynman 在超流 ^{4}He 体系中提出。玻色凝聚的涡旋是用表达式(1-12)中的量子数 n 来描述的,其中 n 是涡旋的缠绕数或者变化数。如果 $|n|=1$ 或者 2 叫作单量子涡旋或者双量子涡旋。量子化涡旋具有相位奇异性,其特征在于拓扑量子数 n。但是对于经典涡旋,由于 Γ 发生连续的变化,不存在奇异点。

当一个量子化涡旋位于容器的中心处时,系统在零度时的自由能与旋转频率 Ω 有关,涡旋形成的临界频率表示为

$$\Omega_c = \frac{k}{2\pi R^2}\ln\frac{R}{b}\qquad(1-13)$$

式中,R 为原子团的有效半径,b 的大小约为 0.68ξ,这里 ξ 表示相干长度(healing length)。如果容器的旋转频率低于 Ω_c 时,超流系统不发生旋转,即没有涡旋产生。当旋转频率超过关键值 Ω_c 时,涡旋产生。两个涡旋的旋转矢量分别用 ω_1 和 ω_2 表示,当 ω_1 和 ω_2 如图1-5(a)所示是平行状态时,由于 ω_2 的原因,A 点处流体流动速度大于 B 处流体的流动速度,则两个涡旋彼此排斥。相似地,当 ω_1 和 ω_2 如图1-5(b)所示是反平行状态时,两个涡旋是彼此吸引的。当给系统提供足够多的能量时,系统会产生很多的涡旋,从而构成不同类型的涡旋晶格结构[63,65]。

对于自旋 $F=1$ 的铁磁 BEC,序参量流形为 SO(3),其基本群为 $\pi_1(\mathrm{SO}(3))\cong Z_2=\{0,1\}$,可存在 Mermin-Ho 涡旋,对应序参量表示为[66]

$$\begin{pmatrix}\psi_1\\\psi_2\\\psi_3\end{pmatrix}=\sqrt{n}\begin{pmatrix}\cos^2\dfrac{\beta}{2}\\[2mm]\sqrt{2}\,e^{i\varphi}\sin\dfrac{\beta}{2}\cos\dfrac{\beta}{2}\\[2mm]e^{2i\varphi}\sin^2\dfrac{\beta}{2}\end{pmatrix}\qquad(1-14)$$

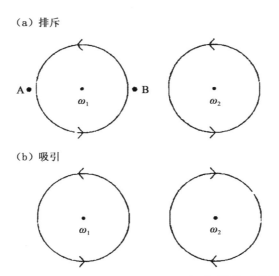

（a）排斥

（b）吸引

图 1-5　两个涡旋间的相互作用，(a)两涡旋是排斥的，(b)两涡旋是吸引的，两涡旋间的排斥和吸引作用取决于涡旋的旋转方向 ω_1 和 ω_2 是平行的(a)或者反平行(b)

式中，β 为方位角，ϕ 为极坐标下极角。Mermin-Ho 涡旋边界处的方位角 $\beta = \dfrac{\pi}{2}$，在中心处方位角为 $0(\beta = 0)$。所以，空间内的自旋方向在边界处是水平，在中心处是垂直的。该涡旋结构的缠绕数表示为 $(0,1,2)$，凝聚体各成分密度分布皆为轴对称，势阱中心到最边缘的凝聚体成分的排列次序依次为：$\psi_1, \psi_0, \psi_{-1}$。另外一种涡旋结构称为极核涡旋，其对应的序参量表示为

$$
\begin{pmatrix} \psi_1 \\ \psi_2 \\ \psi_3 \end{pmatrix} = \sqrt{n} \begin{pmatrix} e^{-i\varphi}\cos^2 \dfrac{\beta}{2} \\[2mm] \dfrac{1}{\sqrt{2}}\sin \dfrac{\beta}{2} \\[2mm] e^{i\varphi}\sin^2 \dfrac{\beta}{2} \end{pmatrix} \tag{1-15}
$$

其涡旋的缠绕数组合满足 $(1,0,-1)$。ψ_0 成分占据了势阱中心，外部区域被 ψ_1 和 ψ_{-1} 成分占据。极核涡旋代表手征对称性的自发破缺。

1.4 斯格明子

一般来说,BECs 中自旋轨道耦合和旋转的共同作用能够产生各种涡旋晶格[41,42],例如文献[41]表明在快速旋转的 BECs 中,增加的自旋轨道耦合能够产生三角涡旋晶格。文献[42]表明如果外势是很强束缚的但原子间相互作用比较弱的情况下,存在旋转时体系会有半量子涡旋产生。涡旋的结构已经被广泛研究,近来的研究表明斯格明子(skyrmion)的结构与涡旋的结构是相关的,通过研究斯格明子性质更能深刻地理解 BECs 体系的性质。

BECs 中斯格明子的特性是与体系中涡旋晶格的结构有关的。斯格明子于 1960 年在核物理中被 Skyrme 解释重子(baryons)作为一个自旋指向所有的方向包裹一个球体准粒子的激发时提出的[67]。斯格明子在许多凝聚态系统中被观测到,例如 ^{3}He-A[68],量子霍尔系统(quantum Hall systems)[69],液晶(qliquid crystals)[70],螺旋铁磁体(helical ferro-magnets)[71,72]。在斯格明子中心处,斯格明子的自旋是反平行于外加磁场的,在斯格明子的外围处,其自旋是平行于外加磁场的。对于携带一个拓扑荷的斯格明子,斯格明子的自旋矢量扫过整个单位球体。非奇异的斯格明子是与 Mermin-Ho 无核涡旋有关的 supercite[73]。一般来说,离开基态,斯格明子也能被激发,在基态中所有的自旋是对齐的,通过在有限的空间区域内反转平均自旋[74,75]。斯格明子就是一种局部自旋的反转,也是一种自旋缺陷。假定有一个斯格明子解 (S_x, S_y, S_z) 其中 $|S|^2 = 1$。采用公式(1-16)表示斯格明子[76]

$$S_x = \frac{4\lambda x e^{-(x^2+y^2)/2}}{x^2 + y^2 + 4\lambda^2 e^{-(x^2+y^2)/2}}$$

$$S_y = \frac{-4\lambda y e^{-(x^2+y^2)/2}}{x^2 + y^2 + 4\lambda^2 e^{-(x^2+y^2)/2}}$$

$$S_z = \frac{x^2 + y^2 - 4\lambda^2 e^{-(x^2+y^2)/2}}{x^2 + y^2 + 4\lambda^2 e^{-(x^2+y^2)/2}} \tag{1-16}$$

采用拓扑荷密度 $q(x,y) = \frac{1}{4\pi} \mathbf{S} \cdot \left(\frac{\partial \mathbf{s}}{\partial x} * \frac{\partial \mathbf{s}}{\partial y} \right)$ 来描述其拓扑结构的

空间分布,对全空间积分得拓扑荷

$$Q = \frac{1}{4\pi} \iint S \cdot \left(\frac{\partial s}{\partial x} \times \frac{\partial s}{\partial x} \right) \mathrm{d}x\,\mathrm{d}y$$

其中,$s = \dfrac{\mathbf{S}}{|\mathbf{S}|}$,通常情况下,我们采用 $Q(s_x, s_y, s_z)$ 来描述拓扑荷 Q,同时有

$$Q(s_x, s_y, s_z) = \frac{1}{4\pi} \iint \begin{vmatrix} S_x & S_y & S_z \\ \dfrac{\partial S_x}{\partial x} & \dfrac{\partial S_y}{\partial x} & \dfrac{\partial S_z}{\partial x} \\ \dfrac{\partial S_x}{\partial y} & \dfrac{\partial S_y}{\partial y} & \dfrac{\partial S_z}{\partial y} \end{vmatrix} \mathrm{d}x\,\mathrm{d}y$$

$$= -\frac{1}{4\pi} \iint \begin{vmatrix} S_x & S_z & S_y \\ \dfrac{\partial S_x}{\partial x} & \dfrac{\partial S_z}{\partial x} & \dfrac{\partial S_y}{\partial x} \\ \dfrac{\partial S_x}{\partial y} & \dfrac{\partial S_z}{\partial y} & \dfrac{\partial S_y}{\partial y} \end{vmatrix} \mathrm{d}x\,\mathrm{d}y$$

$$= -Q(s_x, s_z, s_y)$$

从上式可知任意交换自旋密度矢量的三个分量 S_x, S_y, S_z,会出现不同结构的自旋纹理,但它们的拓扑荷 Q 不变,此外,任意改变 $S_x, S_y,$ S_z 的正负号,自旋纹理结构同样会发生变化,但其拓扑荷密度 $q(x, y)$ 和拓扑荷的绝对值 $|Q|$ 不变。Q 是描述自旋纹理的一个很重要的物理量,一个斯格明子的拓扑荷是 $|Q| = 1$。

1.4.1 两组分 BECs 的斯格明子

图 1-6 中,总结了两组分中的斯格明子的类型,图 1-6 中的(a)~(g)呈现了根据式(1-16)得到的八种基本类型的斯格明子。每个图的标题表明其对应的自旋矢量,分别把它们取名为径向-向外的斯格明子、径向-向里的斯格明子、环形的斯格明子、双曲型斯格明子、双曲型-径向(向外)的斯格明子、双曲型-径向(向里)的斯格明子、环形-双曲型斯格明子Ⅰ和环形-双曲型斯格明子Ⅱ。研究发现其他的斯格明子结构都能通过图 1-6 中(a)~(g)中这八个基本的斯格明子经过旋转而呈现出来。其中图 1-6(h)的斯格明子类型与(g)的斯格明子类型是一样的。当把图 1-6 中(g)按照逆时针旋转 $-\dfrac{\pi}{2}$ 且交换箭头的颜色和关于 y 轴的图

像,即可得到图 1-6 中(h)[77]。

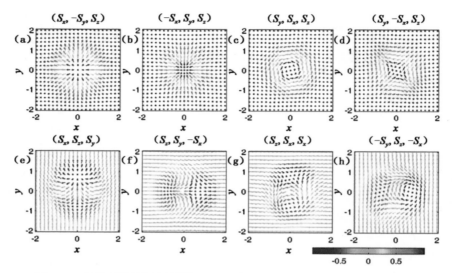

图 1-6　斯格明子的结构[77]。子图表示自旋向量的模型:(a)径向-
向外的斯格明子,(b)径向-向里的斯格明子,(c)环形的斯格明子,
(d)双曲型斯格明子,(e)双曲型-径向(向外)的斯格明子,(f)双曲型-
径向(向里)的斯格明子,(g)环形-双曲型斯格明子 I,(h)环形-双曲
型斯格明子 II,每个箭头的颜色表示 S_z 的大小

1.4.2　三组分 BECs 的斯格明子

对于自旋 $F=1$ 的旋量 BECs,原子可能占据的塞曼态有 $|1,1\rangle$,
$|1,0\rangle$,$|1,-1\rangle$ 三种,体系内会出现两种类型基态相-磁相和晶列相,依
赖于自旋无关相互作用和自旋相关相互作用。2012 年 Liu 研究了旋转
和快速猝火的自旋-1BECs 中由自旋轨道耦合引起的半斯格明子(half-
skyrmion)和斯格明子激发,研究结果表明半斯格明子激发和斯格明子
激发依赖于自旋轨道耦合和旋转的共同作用。当自旋轨道耦合和旋转
频率均大于某些临界值时,半斯格明子激发和斯格明子激发发生,如图
1-7 所示。图 1-7 给出了 [87]Rb 自旋 BECs 的自旋纹理。如图 1-7(a)所
示,有很多半斯格明子环绕着中心的环,即在系统里呈现放射状的分
布。同时,整个系统的箭头形成大的环状结构,其主要位置用蓝色箭
头表示。图 1-7(b)表明了涡旋分布和半斯格明子的关系,三组分中涡

旋的位置按照以下远离中心的顺序排列：绿、蓝和红。图 1-7(c)给出了拓扑荷密度。通过计算，图 1-7(a)是半斯格明子而非梅陇-反梅陇对(meron-antimeron pair)。明显的，每个半斯格明子伴随着一个三个涡旋结构，因此把这三个涡旋结构看作一个小的单元，三组分中涡旋数量接近 1：1：1。通过计算，图 1-7(a)中心是一个斯格明子，此斯格明子激发与 Mermin-Ho 以及 Anderson-Toulouse 涡旋结构有关[78]。

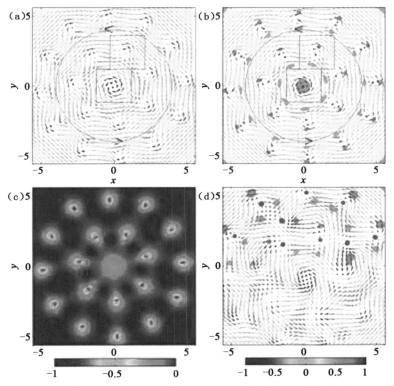

图 1-7　(a)[87]Rb 自旋 BEC 的自旋纹理。每个箭头的颜色表示 S_z 的大小，黑色框表示一个斯格明子，蓝色框表示一个半斯格明子(half-skyrmion)，蓝色箭头表明自旋纹理的主要位置。(b)涡旋的位置和自旋纹理的位置。绿色，蓝色，红色点分别是 $m_F=1, m_F=0$ 和 $m_F=-1$ 组分中涡旋的位置。(c)拓扑荷密度，(d)涡旋的位置和[87]Rb 的旋量 BEC 的自旋纹理[78]

此外,很多磁性材料中也存在斯格明子激发。斯格明子与普通磁性介质相比较,其优势在于结构稳定,耗能少,减少硬盘体积的同时能够提高计算机运行的速度。通过这些拓扑激发的研究可以让我们更加深入地了解 BECs 本身的性质,同时对研究非线性光学、凝聚态物理等学科的相关领域提供了更多的参考价值[79,80]。

1.5　本书主要研究工作

综上所述,自旋轨道耦合的量子气体近年来已经是物理学前沿研究领域之一。大量的实验和理论研究表明冷原子气体中的 SOC 能产生许多奇特的量子现象。多组分自旋轨道耦合 BECs 的基态、拓扑激发和动力学的研究是超冷原子气体实验和理论研究中一个非常活跃的方向,因为它对于我们深层次理解一些基本的物理问题(涡旋、拓扑结构、自旋纹理和超流等),检验和发展量子力学,为未来冷原子实验提供理论基础等方面有着重要和深远的指导意义。

基于我们的广泛调研,本书分别研究了环形阱中自旋轨道耦合偶极BECs 的基态性质和旋转的偶极 BECs 的基态结构,考察了旋转的二维光晶格中 Rashba-Dresselhaus 自旋轨道耦合 BECs 的拓扑激发,研究了平面四极磁场中旋转的自旋轨道耦合自旋-1BECs 的拓扑激发和自旋纹理,考察了旋转的环形阱中自旋轨道耦合自旋-1BECs 的动力学等。具体内容安排如下:

第 1 章绪论,首先介绍了 BEC 的基本概念、研究背景以及发展状况,其次介绍了 SOC 实验的理论基础以及其实验进展,最后分别阐述了两组分和三组分凝聚体中的斯格明子的类型。

第 2 章主要介绍了本书中涉及的基础理论模型和具体推导过程。

第 3 章主要研究了环形阱束缚下两分量偶极 SOC 的 BECs 的基态结构。首先给出了固定两组分间的种间和种内相互作用的情况下,给出了偶极-偶极相互作用随 SOC 强度变化的相图,并分别研究了相图中不同量子相相对应的两组分的密度分布和相位分布,并深刻挖掘和分析了其产生的物理机制。其次给出了固定偶极作用的情况下,基态随 SOC变化的角动量分布曲线图,并详细地剖析了角动量变化的物理原因。接着分析了偶极-偶极相互作用和 Rashba-SOC 共同作用对系统基态拓扑缺陷的影响以及在赝自旋表象中，研究了这些物理参量对基态的斯格明子结构的作用，并探讨了产生这些物理现象的物理机制，最后给出了环形阱束缚下两分量偶极旋转 BECs 的基态结构，观测到巨斯格明子并对其产生机制予以解释。

第 4 章主要探讨了光晶格加简谐阱中两分量旋转 SOC 的 BECs 的拓扑态，推导了理论模型并通过数值计算求解，首先固定给出了固定种间相互作用的情况下，种内相互作用随各向同性的两维 RD-SOC 变化的相位图，并分析了每个相所对应的基态结构的密度分布和相位分布，其次给出了固定种间和种内相互作用的情况下，各向同性的两维 RD-SOC 随旋转变化的相位图，同时分析了每个相所对应的基态的密度分布和相位分布，并剖析了每个相对应基态的物理机制。最后探讨了一维 SOC 作用下系统的基态结构。研究发现，该体系能形成一些特殊的拓扑结构的自旋纹理，为更深层次理解 BECs 中的物理问题提供了新的思路，同时对 BEC 的实验有更深刻的指导意义。

第 5 章研究了平面四极磁场中旋转的 SOC 自旋-1BECs 的拓扑激发。建立了模型，并基于平均场理论对其进行了数值求解。不存在旋转的情况下首先分别研究了固定 SU(2) 和 SU(3)SOC 作用的情况下，改变平面四极磁场的强度对系统基态结构的影响；其次固定平面四极磁场的强度，分别改变 SU(2) 和 SU(3)SOC 作用对系统基态结构的影响。存在旋转作用的情况下，固定 SU(2)SOC 强度，改变平面四极磁场的强度对系统基态结构的影响；固定平面四极磁场的强度，改变 SU(2)SOC 强度对系统基态结构的影响，并深刻剖析了产生各种物理现象的物理原因。最后研究了以上各种情况下系统产生的特殊的斯格明子或半斯格明子组成的自旋纹理结构。

第 6 章研究了旋转的环形阱中自旋轨道耦合自旋 MYMF ＝ 1MYMBEC 的动力学。分别以各向同性 SU(2)SOC 的凝聚体基态和平面四极磁场作用下各向同性 SU(2)SOC 的凝聚体基态作为初态，然后突然让体系旋转起来，考察了两种体系由开始旋转至达到平衡整个过程中的动力学。

这些研究促进了人们对自旋轨道耦合 BECs 拓扑激发的新认知，并且对冷原子的实验研究有着积极的指导作用。

第 2 章 理论基础

2.1 理想气体的玻色—爱因斯坦凝聚

处于热力学平衡的无相互作用理想玻色气体的玻色子在单粒子态 v 上的平均占据数服从如下的玻色分布函数[81]

$$f(\varepsilon_v) = \frac{1}{e^{(\varepsilon_v - \mu)/\kappa_B T} - 1} \tag{2-1}$$

其中，$f(\varepsilon_v)$ 为单粒子态能级 ε_v 对应的量子态上的平均粒子占据数，k_b 为玻尔兹曼常数，T 和 μ 分别是系统的温度和化学势。为保证各能态上粒子数为正，必须保证 $\mu \leqslant \varepsilon_0$，其中 ε_0 表示单粒子基态能量。如果选取的系统能量为 0，则化学式 μ 为负值。化学势与系统总粒子数 N 和温度 T 有关，系统能量和总粒子数由温度 T 和化学势 μ 决定，且分别表示为[51,52,82]

$$E = \sum_v \varepsilon_v f(\varepsilon_v) = \sum_{v=0}^{\infty} \frac{\varepsilon_v}{e^{(\varepsilon_v - \mu)/\kappa_B T} - 1} \tag{2-2}$$

$$N = \sum_v f(\varepsilon_v) = \sum_v^{\infty} \frac{1}{e^{(\varepsilon_v - \mu)/\kappa_B T} - 1} \tag{2-3}$$

其能态密度为：

$$g(E) = \frac{2\pi V (2m)^{\frac{3}{2}} E^{\frac{1}{2}}}{h^3} \tag{2-4}$$

各能级间隔很小的情况下，各能级可以看成是连续的，所以可以将式(2-3)用能量积分来处理，当 $\mu \rightarrow 0$ 时，$f(\varepsilon_v) \rightarrow 0$，为避免积分发散，将基态的粒子数分离出来，则有：

$$N = N_0 + N' = N_0 + \int_0^{\infty} g(E) \frac{1}{e^{\frac{\varepsilon_a - \mu}{\kappa_B T}} - 1} \tag{2-5}$$

N_0 为系统动能为 0 时基态的粒子数，N' 表示系统处于激发态时的粒子数，随着温度降低，当 $\mu = 0$ 时，激发态上最多占据粒子数表示为

$$N' = \frac{V}{\lambda_{dB}^2} g_{\frac{3}{2}}(z) \tag{2-6}$$

式中，$\lambda_{dB} = \dfrac{h}{(2\pi m \kappa_B T)^{\frac{1}{2}}}$ 表示德布罗意波长，$g_n(z) = \dfrac{V}{\Gamma_n} \displaystyle\int_0^\infty \dfrac{x^{n-1}\,\mathrm{d}x}{z^{-1}e^x - 1}$，

$0 \leqslant z \leqslant 1$ 表示玻色函数，其中 $z = e^{\mu/\kappa_B T}$ 是气体的逸度。当温度足够低，粒子的化学势 μ 接近 0，z 接近 1，$g_{\frac{3}{2}}(1) = 2.612$，对于封闭系统且粒子数守恒的条件下，粒子完全属于激发状态，即 $N = N'^{\max}$，则得到 BEC 的临界温度

$$T_c = \frac{h^2}{2\pi m \kappa_B}\left(\frac{n}{2.612}\right)^{\frac{2}{3}} \tag{2-7}$$

与其对应的临界密度为：

$$n_c = 2.612\left(\frac{2\pi \kappa_B T}{h^2}\right)^{\frac{3}{2}} \tag{2-8}$$

当温度 $T \ll T_c$ 时 $n(T) = n\left(\dfrac{T}{T_c}\right)^{\frac{3}{2}}$，则处于基态的粒子数密度为：

$$n_0(T) = n\left[1 - \left(\frac{T}{T_c}\right)^{\frac{3}{2}}\right] \tag{2-9}$$

根据公式（2-9）得到，当系统温度低于临界温度时，系统中大量的粒子迅速聚集在基态能量上并开始出现宏观量子效应，随着温度的降低，更多的玻色子占据在最低能级上，此现象即 BEC，如图 2-1 所示。

以上的描述是在自由空间为前提下的，但实际上，BEC 是在各种束缚势阱中发生的，此时，态密度函数表示为

$$g(E) \frac{2\pi(2m)^{\frac{3}{2}}}{h^3} \int_V \sqrt{E - V_{ext}}\,\mathrm{d}\mathbf{r} \tag{2-10}$$

式中，V_{ext} 为外束缚势阱，势阱不同，对粒子的束缚程度也不同，则处于基态的粒子数密度改写为

$$n_0(T) = n\left[1 - \left(\frac{T}{T_c}\right)^{a}\right] \tag{2-11}$$

式中指数 α 随势阱变化。实现 BEC 的转变温度和势阱有关，势阱的束缚能力越强，越容易得到 BEC。

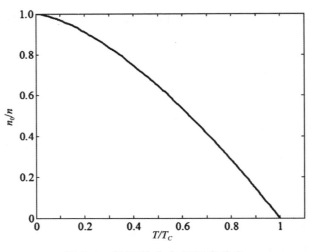

图 2-1 粒子数分布与温度关系

2.2 相互作用 BECs 的 Gross-Pitaevskii 方程

在冷原子气体中,原子之间存在着非线性的排斥或吸引的接触相互作用,这些相互作用对 BEC 的基态和动力学性质起着重要的作用。在二次量子化理论中,具有弱相互作用且含有外势的全同玻色体系的哈密顿量为[63]

$$\hat{H} = \int d\mathbf{r}\hat{\psi}^{\dagger}(\mathbf{r}) \left[-\frac{\hbar^2}{2m} \nabla^2 + V(\mathbf{r}) \right] \psi(\mathbf{r}) +$$

$$\frac{1}{2} \int d\mathbf{r}d\mathbf{r}'\hat{\psi}^{\dagger}(\mathbf{r})\hat{\psi}^{\dagger}(\mathbf{r}') V(\mathbf{r}' - \mathbf{r})\hat{\psi}(\mathbf{r}')\hat{\psi}(\mathbf{r}) \quad (2\text{-}12)$$

式中,V 为外势,$V(\mathbf{r}-\mathbf{r}')$ 为原子间的两体相互作用势。该二次量子化的哈密顿中 $\hat{\psi}^{\dagger}(\mathbf{r})$ 和 $\hat{\psi}(\mathbf{r})$ 为玻色场算符,分别表示在 $\mathbf{r}$ 处产生和湮灭一个粒子,其满足对易关系

$$[\hat{\psi}(\mathbf{r}),\hat{\psi}^{\dagger}(\mathbf{r}')] = \delta(\mathbf{r}-\mathbf{r}'),[\hat{\psi}(\mathbf{r}),\hat{\psi}(\mathbf{r}')] \quad (2\text{-}13)$$

场算符 $\hat{\psi}(\mathbf{r},t)$ 在海森堡(Heisenberg)表象中满足的演化方程为

$$i\hbar\frac{\partial}{\partial t}\hat{\psi}(\mathbf{r},t)=[\hat{\psi},\hat{H}]=\left[-\frac{\hbar^2}{2m}\nabla^2+V(\mathbf{r})\right]\hat{\psi}(\mathbf{r},t)+$$

$$\int d\mathbf{r}'\hat{\psi}^{\dagger}(\mathbf{r}',t)V(\mathbf{r}-\mathbf{r}')\hat{\psi}(\mathbf{r}',t)\hat{\psi}(\mathbf{r},t) \qquad (2\text{-}14)$$

根据博戈留波夫(Bogliubov)近似,$\hat{\psi}(\mathbf{r},t)\to\psi(\mathbf{r},t)$ 和 $\hat{\psi}^{\dagger}(\mathbf{r},t)\to\psi^*(\mathbf{r},t)$,得到平均场波函数 $\psi(\mathbf{r},t)$ 满足的运动方程表示为

$$i\hbar\frac{\partial}{\partial t}\hat{\psi}(\mathbf{r},t)=$$

$$\left[-\frac{\hbar^2}{2m}\nabla^2+V(\mathbf{r})+\int d\mathbf{r}'\psi^*(\mathbf{r}',t)V(\mathbf{r}'-\mathbf{r})\hat{\psi}(\mathbf{r}',t)\right]\psi(\mathbf{r},t)$$

$$(2\text{-}15)$$

对于稀薄的碱金属原子气体,原子间的相互作用比较弱,其有效尺度远小于原子间的距离,原子间多体碰撞的几率远小于两体碰撞的几率,所以我们在这里只考虑两体碰撞,即短程接触相互作用,这种低能的两体碰撞可以用 s-波散射很好地描述。根据量子力学的低能散射的波恩近似,式(2-15)中的 $V(\mathbf{r},t)$ 用等效相互作用代替,表示为

$$V(\mathbf{r},t)=g\delta(\mathbf{r},t) \qquad (2\text{-}16)$$

式中,g 是原子间的接触相互作用强度。

$$g=4\pi\hbar^2\frac{a}{m} \qquad (2\text{-}17)$$

式中,a 是凝聚体原子间 s 波的散射长度。$a\gg0$ 表示原子间存在排斥相互作用,$a\ll0$ 表示原子间存在吸引相互作用,实验上 a 可以通过 Feshbach 共振技术进行调节。

由此,我们得到了一个描述玻色—爱因斯坦凝聚体的 Gross-Pitaeviskii (GP)方程:

$$i\hbar\frac{\partial}{\partial}\psi(\mathbf{r},t)=\left[-\frac{\hbar^2\nabla^2}{2m}+V(\mathbf{r})+g|\psi(\mathbf{r},t)|^2\right]\psi(\mathbf{r},t) \qquad (2\text{-}18)$$

通过变分法也可以推导出以上 GP 方程,凝聚体的能量泛函表示为

$$[\psi,\psi^*]=\int d\mathbf{r}\left\{\psi^*\left[-\frac{\hbar^2\nabla^2}{2m}+V(\mathbf{r})\right]\psi+\frac{g}{2}|\psi|^4\right\} \qquad (2\text{-}19)$$

对上式进行变分

$$i\frac{\partial\psi(\mathbf{r},t)}{\partial}=\frac{\partial E[\psi,\psi^*]}{\partial\psi^*} \qquad (2\text{-}20)$$

得到如同式(2-18)的 GP 方程。

2.3　两组分 BECs 的 Gross-Pitaevskii 方程

两分量 BEC 的动力学行为同样遵守式(2-18)的 GP 方程。对于同一势阱中的同种原子的自旋的－1/2BECs，其两分量的波函数分别用 $\psi_\uparrow$（自旋向上）和 $\psi_\downarrow$（自旋向下）表示，则 GP 能量泛函表示为[63,83]

$$E = \int d\mathbf{r} \left[\sum_{j=\uparrow,\downarrow} \psi_j^* \left(-\frac{\hbar^2 \nabla^2}{2m} + V(\mathbf{r}) \right) \psi_j + \frac{g_{11}}{2} | \psi_\uparrow |^4 + \frac{g_{22}}{2} | \psi_\downarrow |^4 \right.$$
$$\left. + g_{12} | \psi_\uparrow |^2 | \psi_\downarrow |^2 \right] \quad (2\text{-}21)$$

式中，$g_j = \dfrac{4\pi a_j \hbar^2}{m}(j=1,2)$ 表示同一组分内种间的相互作用，$g_{12} = \dfrac{2\pi a_{12}\hbar^2}{m}$ 表示两组分内原子间的相互作用，其中 m 为原子的质量，$a_j(j=1,2)$ 和 a_{12} 分别表示组分内与组分间原子相互作用的 s 波散射长度。对能量泛函式(2-22)做变分

$$i \frac{\partial \psi_j}{\partial t} = \frac{\partial E}{\partial \psi_j^*} (j = \uparrow, \downarrow) \quad (2\text{-}22)$$

我们得到两分量 BEC 的 GP 方程

$$i\hbar \partial_t \psi_\uparrow = \left[-\frac{\hbar^2 \nabla^2}{2m} + V(\mathbf{r},t) + g_{11}|\psi_\uparrow|^2 + g_{12}|\psi_\downarrow|^2 \right] \psi_\uparrow \quad (2\text{-}23)$$

$$i\hbar \partial_t \psi_\downarrow = \left[-\frac{\hbar^2 \nabla^2}{2m} + V(\mathbf{r},t) + g_{21}|\psi_\uparrow|^2 + g_{22}|\psi_\downarrow|^2 \right] \psi_\downarrow \quad (2\text{-}24)$$

基于平均场理论，通过数值求解可以研究两组分 BECs 的性质。

2.4　旋量 BECs 的 Gross-Pitaevskii 方程

当 BEC 处于完全的光阱中，内部自旋被释放，由于相互作用原子自旋可以发生改变，这样的体系称为旋量 BEC。

我们考虑自旋 f 的全同玻色子组成的系统，令 $\hat{\psi}_m(\mathbf{r})(m=f,$

$f-1,\cdots,-f$)为抑制一个玻色子在位置 $\mathbf{r}$ 拥有一个磁量子数 m 所对应的场算符,其中该场算符满足典型的交换关系

$$\left[\psi_m(\mathbf{r}),\psi_n^{\dagger}(\mathbf{r}')\right]=\delta_{nm}(\mathbf{r}-\mathbf{r}')$$

$$\left[\psi_n(\mathbf{r}),\psi_m(\mathbf{r}')\right]=0$$

$$\left[\psi_m(\mathbf{r}),\psi_n^{\dagger}(\mathbf{r}')\right]=0 \tag{2-25}$$

我们考虑了玻色子通过 s 波途径相互作用的情况。接着,以上描述的对称性考虑意味着任何两个自旋 f 的相互作用的玻色子的总自旋 F 一定为 $0,2,\cdots 2f$。相互作用的哈密顿量 $\hat{V}$ 可以按照总自旋 F 分类表示为 $V=\sum\limits_{F=0,2,\cdots,2f}=V^{(F)}$。为了构建 $V^{(F)}$,我们考虑了抑制总自旋为 F 和在位置 r 和 r' 处磁量子数为 M 的一对玻色子的算符 $\hat{A}_{FM}(\mathbf{r},\mathbf{r}')$。这对湮灭算符以场算符的形式表示为[63]

$$\hat{A}_{FM}(\mathbf{r},\mathbf{r}')=\sum_{m_1,m_2=-f}^{f}\left[F,M\mid f;m_1;f;m_2\right]\hat{\psi}_{m_1}(r)\hat{\psi}_{m_2}(\mathbf{r}')$$

$$\tag{2-26}$$

式中,$[F,M\mid f;m_1;f;m_2]$ 叫作 Clebsch-Gordan 系数。由于哈密顿量必须是标量,即它必须在旋转的情况下保持不变,$V^{(F)}$ 可以表示成以下的形式

$$\hat{V}^{(F)}=\frac{1}{2}\int\mathrm{d}\mathbf{r}\int\mathrm{d}\mathbf{r}'v^{(F)}(\mathbf{r}-\mathbf{r}')\sum_{M=-F}^{F}\hat{A}_{FM}^{\dagger}(\mathbf{r},\mathbf{r}')\hat{A}_{FM}(\mathbf{r},\mathbf{r}') \tag{2-27}$$

式中,$\hat{V}^{(F)}(\mathbf{r},\mathbf{r}')$ 描述总自旋为 F 的相互作用阱,依据完整性关系

$$\sum_{F}\sum_{M=-F}^{F}\mid F,M\rangle\langle F,M\mid=\hat{1} \tag{2-28}$$

其中,$\hat{1}$ 表示 identity 算符,表示为

$$\sum_{F}\sum_{M=-F}^{F}A_{FM}^{\dagger}(\mathbf{r},\mathbf{r}')\hat{A}_{FM}(\mathbf{r},\mathbf{r}')=:\hat{n}(\mathbf{r})\hat{n}(\mathbf{r}'): \tag{2-29}$$

其中,$\hat{n}(\mathbf{r})$ 粒子数的密度算符为

$$\hat{n}(\mathbf{r})=\sum_{m=-f}^{f}\psi_m^{\dagger}(\mathbf{r})\psi_m(\mathbf{r}) \tag{2-30}$$

符号::代表规定被放置到创造算符右面的湮灭算符正常排序。如果 $\hat{V}^{(F)}$ 独立于 F(i.e.,$v^{(F)}(\mathbf{r})=v(\mathbf{r})$),其由等式(2-29)推导出来,且相互作用的哈密顿量 $\hat{V}$ 可以约化为哈特里(Hartree)相互作用

$$\hat{V}=\frac{1}{2}\int\mathrm{d}\mathbf{r}\int\mathrm{d}\mathbf{r}'v(\mathbf{r}-\mathbf{r}'):\hat{n}(\mathbf{r})\hat{n}(\mathbf{r}'): \tag{2-31}$$

在气态的 BEC 中,相互作用阱的幅度与原子间的平均距离相比可以忽略,并且相互作用阱的细节是不相关的。因此我们可以把 $\hat{V}^{(F)}(\mathbf{r})$ 表示为

$$\hat{V}^{(F)}(\mathbf{r}) = g_F \delta(\mathbf{r}) \qquad (2\text{-}32)$$

其中,g_F 表示总自旋为 F 的两个粒子间的相互作用系数,且它与相应的 s 波散射长度 a_F 有关

$$g_F = \frac{4\pi\hbar^2}{M} a_F \qquad (2\text{-}33)$$

相互作用的哈密顿量最后可以表示为[63]

$$\hat{V}^{(F)} = \frac{g_F}{2} \int d\mathbf{r} \sum_{M=-F}^{F} \hat{A}_{FM}^{\dagger}(\mathbf{r}) \hat{A}_{FM}(\mathbf{r}) \qquad (2\text{-}34)$$

这里

$$\hat{A}_{FM}(\mathbf{r}) = \hat{A}_{FM}(\mathbf{r},\mathbf{r}') = \sum_{m1,m2=-f}^{f} [F,M \mid f;m_1;f;m_2] \hat{\psi}_{m1}(\mathbf{r}) \hat{\psi}_{m2}(\mathbf{r}') \qquad (2\text{-}35)$$

当 $F=0$ 时,Clebsch-Gordan 系数可以表示成以下的形式

$$[0,0 \mid f,m_1;f,m_2] = \delta_{m1+m2,0} \frac{(-1)^{f-m_1}}{\sqrt{2f+1}} \qquad (2\text{-}36)$$

将上式代入式(2-26),能得到自旋单态(spin-singlet)对算符

$$\hat{A}_{00}(\mathbf{r},\mathbf{r}') = \frac{1}{\sqrt{2f+1}} \sum_{m=-f}^{f} (-1)^{f-m} \hat{\psi}_m(\mathbf{r}) \hat{\psi}_{-m}(\mathbf{r}') \qquad (2\text{-}37)$$

上式有启发性地表明对于奇数 F,$\hat{A}_{FM}(\mathbf{r})$ 是不存在的。例如,当 $F=1$ 和 $f=1$ 时,Clebsch-Gordan 系数可以表示成以下的形式[63]

$$(1,M \mid 1,m_1;1,m_2) = \frac{(-1)^{1-m_1}}{\sqrt{2}} \delta_{m1+m2,M} \times$$

$$[\delta_{M,1}(\delta_{M,1}+\delta_{m_1,1}) + \delta_{M,0}m_1 - \delta_{M,-1}(\delta_{m_1,0}+\delta_{m_1,-1})] \qquad (2\text{-}38)$$

将上式代入式(2-35),可得 $\hat{A}_{1M}(\mathbf{r})=0$。同样的,可知对于奇数的 F,$\hat{A}_{FM}(\mathbf{r})$ 为 0。

最后,我们得到 $f=1$ 和 $f=2$ 的相互作用的哈密顿量。对于 $f=1$,任何一对玻色子的总的自旋 F 一定是 0 或 2,且相互作用哈密顿量(2-34)约化为[63]

$$\hat{V}^{(0)} = \frac{g_0}{2} \int d\mathbf{r} A_{00}^{\dagger}(\mathbf{r}) A_{00}(\mathbf{r}) \tag{2-39}$$

$$\hat{V}^{(2)} = \frac{g_2}{2} \int d\mathbf{r} \sum_{M=-2}^{2} A_{2M}^{\dagger}(\mathbf{r}) A_{2M}(\mathbf{r}) = \frac{g_2}{2} \int d\mathbf{r} \left[:\hat{n}^2(\mathbf{r}): - \hat{A}_{00}^{\dagger}(\mathbf{r}) \hat{A}_{00}(\mathbf{r}) \right] \tag{2-40}$$

其中,式(2-29)和 $\hat{A}_{1M}(\mathbf{r}) = 0$ 被用来得到最后的等式。联立式(2-39)和式(2-40),得到

$$\hat{V} = \int d\mathbf{r} \left[\frac{g_2}{2} :\hat{n}^2(\mathbf{r}): + \frac{g_0 - g_2}{2} \hat{A}_{00}^{\dagger}(\mathbf{r}) \hat{A}_{00}(\mathbf{r}) \right] \tag{2-41}$$

对于 $f=2$,F 一定是 0,2 或 4,对于 $F=4$ 的相互作用哈密顿量,式(2-34)可以表示为[63]

$$\begin{aligned}\hat{V}^{(4)} &= \frac{g_4}{2} \int d\mathbf{r} \sum_{M=-4}^{4} \hat{A}_{4M}^{\dagger}(\mathbf{r}) A_{4M}(\mathbf{r}) \\ &= \frac{g_4}{2} \left[:\hat{n}^2(\mathbf{r}): - \hat{A}_{00}^{\dagger}(\mathbf{r}) \hat{A}_{00}(\mathbf{r}) - \sum_{M=-2}^{2} \hat{A}_{2M}^{\dagger}(\mathbf{r}) \hat{A}_{2M}(\mathbf{r}) \right]\end{aligned} \tag{2-42}$$

其中,等式(2-29)和 $ \hat{A}_{1M}(\mathbf{r}) = \hat{A}_{3M}(\mathbf{r}) = 0$ 被用来得到最后的等式,$f=2$ 的相互作用哈密顿量可以表示为

$$\begin{aligned}\hat{V} &= \hat{V}^{(0)} + \hat{V}^{(2)} + \hat{V}^{(4)} \\ &= \int d\mathbf{r} \left[\frac{g_4}{2} :\hat{n}^2(\mathbf{r}): + \frac{g_0 - g_4}{2} \hat{A}_{00}^{\dagger}(\mathbf{r}) \hat{A}_{00}(\mathbf{r}) + \frac{g_2 - g_4}{2} \sum_{M=-2}^{2} \hat{A}_{2M}^{\dagger}(\mathbf{r}) \hat{A}_{2M}(\mathbf{r}) \right]\end{aligned} \tag{2-43}$$

除了 $\hat{V}$,全部的哈密顿量 $\hat{H}$ 包括动能 $\hat{H}_{KE}$,单体势能 $\hat{H}_{PE}$,非线性和二次塞曼 $\hat{H}_z$,三者分别表示为

$$\hat{H}_{KE} = \int d\mathbf{r} \sum_{m=-f}^{f} \hat{\psi}_m^{\dagger} \left(-\frac{\hbar^2}{2m} \nabla^2 \right) \hat{\psi}_m \tag{2-44}$$

$$\hat{H}_{PE} = \int d\mathbf{r} \sum_{m=-f}^{f} U(\mathbf{r}) \hat{\psi}_m^{\dagger} \hat{\psi}_m \tag{2-45}$$

$$\hat{H}_Z = \int d\mathbf{r} \sum_{m,n=-f}^{f} \hat{\psi}_m^{\dagger} \left[g\mu_B (\mathbf{B} \cdot \mathbf{f})_{mn} + q'(\mathbf{B} \cdot \mathbf{f})^2_{mn} \right] \hat{\psi}_n \tag{2-46}$$

式中,g 是 Lande g-因素,$\mu_B = \dfrac{e\hbar}{2m} \simeq 9.27 \times 10^{-24} \dfrac{J}{T}$ 是玻尔磁子,

$\mathbf{f}=(f_x,f_y,f_z)$ 是自旋 f 矩阵的矢量。式(2-46)描述由电子和核磁矩间的超精细相互作用产生的二次塞曼效应。二阶扰动给出 $q'=\dfrac{(g\mu_B)^2}{\Delta E_{hf}}$，$\Delta E_{hf}$ 是超精细能量分裂。我们定义

$$p=|g|\mu_{\mathrm{B}}B,\ q=\frac{(g\mu_{\mathrm{B}}B)^2}{\Delta E_{hf}} \tag{2-47}$$

对于 ^{87}Rb 的电子基态，对于 $f=1$，$Vg=-\dfrac{1}{2}$ 且 $\dfrac{\Delta E_{hf}}{\hbar}\simeq 6.8\ \mathrm{GHz}$，对于 $f=2$，$g=\dfrac{1}{2}$ 且 $\dfrac{\Delta E_{hf}}{\hbar}\simeq -6.8\ \mathrm{GHz}$，$m$ 是磁量子数。因为对于 $f=1$ 和 $f=2$，g 因子符号相反，塞曼能级是倒置的。自旋-1 矩阵表示

$$f_x=\frac{1}{\sqrt{2}}\begin{pmatrix}0&1&0\\1&0&1\\0&1&0\end{pmatrix},\ f_y=\frac{i}{\sqrt{2}}\begin{pmatrix}0&-1&0\\1&0&-1\\0&1&0\end{pmatrix},\ f_z=\begin{pmatrix}1&0&0\\0&0&0\\0&0&-1\end{pmatrix} \tag{2-48}$$

我们定义升降算符 (f_+) 和 (f_-) 分别为

$$(f_+)=f_x+if_y=\begin{pmatrix}0&\sqrt{2}&0\\0&0&\sqrt{2}\\0&0&0\end{pmatrix},\ (f_-)=f_x-if_y=\begin{pmatrix}0&0&0\\\sqrt{2}&0&0\\0&\sqrt{2}&0\end{pmatrix} \tag{2-49}$$

在二次量子化的形式，对应的算符可以表示为

$$\hat{f}_+=\sum_{m,n=-1}^{1}\hat{\psi}_m^{\dagger}(f_+)_{mn}\hat{\psi}_n^{\dagger}=\sqrt{2}\,(\hat{\psi}_1^{\dagger}\hat{\psi}_0+\hat{\psi}_0^{\dagger}\hat{\psi}_{-1}) \tag{2-50}$$

$$\hat{f}_-=\sum_{m,n=-1}^{1}\hat{\psi}_m^{\dagger}(f_-)_{mn}\hat{\psi}_n^{\dagger}=\sqrt{2}\,(\hat{\psi}_0^{\dagger}\hat{\psi}_1+\hat{\psi}_{-1}^{\dagger}\hat{\psi}_0) \tag{2-51}$$

$$\hat{f}_z=\sum_{m,n=-1}^{1}\hat{\psi}_m^{\dagger}(f_z)_{mn}\hat{\psi}_n^{\dagger}=\hat{\psi}_1^{\dagger}\hat{\psi}_1-\hat{\psi}_{-1}^{\dagger}\hat{\psi}_{-1} \tag{2-52}$$

总自旋算符的平方可以表示成

$$\hat{f}^2=\hat{f}_x^2+\hat{f}_y^2+\hat{f}_z^2=\frac{1}{2}(\hat{f}_+\hat{f}_-+\hat{f}_-\hat{f}_+)+\hat{f}_z^2 \tag{2-53}$$

同时，因为：$\hat{f}_+\hat{f}_-:=:\hat{f}_-\hat{f}_+:$，我们可以得到

$$:\hat{f}^2:=:\hat{f}_+\hat{f}_-:+:\hat{f}_z^2: \tag{2-54}$$

用式(2-50)～式(2-52)代替式(2-54)的右边，并且和式(2-37)比较结果，得到

$$\hat{A}_{00}^{\dagger}\hat{A}_{00}=\frac{1}{3}(:\hat{n}^2:-:\hat{f}^2:) \tag{2-55}$$

把式(2-55)代入式(2-41)，得

$$\hat{V}=\int \mathrm{d}\mathbf{r}\left[\frac{g_0+2g_2}{6}:\hat{n}^2:+\frac{g_2-g_0}{6}:\hat{f}^2:\right] \tag{2-56}$$

联立式(2-44)～式(2-46)和式(2-56)，得到自旋-1BEC总的哈密顿量

$$\hat{H}=\int \mathrm{d}\mathbf{r}\{\sum_{m=-1}^{1}\hat{\psi}_m^{\dagger}\left[-\frac{\hbar^2}{2m}\nabla^2+V(\mathbf{r})-pm+qm^2\right]\hat{\psi}_m$$

$$+\frac{1}{2}(c_0:\hat{n}^2:+c_1:\hat{f}^2:)\} \tag{2-57}$$

我们假定磁场是沿着 z 方向，对于 $f=1$ 的凝聚体，$g<0$，且

$$c_0=\frac{g_0+2g_2}{3}=\frac{4\pi\hbar^2}{3M}(a_0+2a_2) \tag{2-58}$$

$$c_1=\frac{g_2+g_0}{3}=\frac{4\pi\hbar^2}{3M}(a_2-a_0) \tag{2-59}$$

平均场理论是对应的波函数 ψ_m 代替等式(2-57)中的场算符 $\hat{\psi}_m$。以下是其证明过程，这里以基本函数 $\{\psi_m(\mathbf{r})\}$ 的完全正交集来扩展 $\hat{\psi}_m$

$$\hat{\psi}_m(\mathbf{r})=\sum_i \hat{a}_{mi}\varphi_{mi}(r)(m=1,0,-1) \tag{2-60}$$

$$\int \mathrm{d}\mathbf{r}\varphi_{mi}^{*}(r)\varphi_{mi}(r)=\delta_{ij} \tag{2-61}$$

其中，$\hat{a}_{mi}$ 是磁量子数为 m 和空间波函数为 $\psi_{mi}(\mathbf{r})$ 的玻色子的湮灭算符，假定其遵从对易关系：

$$[\hat{a}_{mi},\hat{a}_{ni}^{\dagger}]=\delta_{mn}\delta_{ij},[\hat{a}_{mi},\hat{a}_{ni}]=0,[\hat{a}_{mi}^{\dagger},\hat{a}_{ni}^{\dagger}]=0 \tag{2-62}$$

其中 $\hat{\psi}_m$ 遵从场对易关系，假定 $\hat{\psi}_{mi}$ 满足对易关系

$$\sum_i \varphi_{mi}(\mathbf{r})\varphi_{mi}^{*}(\mathbf{r}')=\delta(\mathbf{r}-\mathbf{r}') \tag{2-63}$$

现在，平均场理论假定所有的玻色子有相同的单粒子态 ψ_{m0}，态向量可以表示为

$$|\xi\rangle=\frac{1}{\sqrt{N!}}(\sum_{m=-1}^{1}\xi_m\hat{a}_{m0}^{\dagger})^N|vac\rangle \tag{2-64}$$

其中

$$\sum_{m=-1}^{1}|\xi_m|^2=1 \tag{2-65}$$

直接表示出：

$$\langle \hat{\psi}_m(\mathbf{r}) \rangle = \langle \hat{\psi}_m^\dagger(\mathbf{r}) \rangle = 0 \tag{2-66}$$

$$\langle \hat{\psi}_m^\dagger(\mathbf{r}) \hat{\psi}_n(\mathbf{r}') \rangle = \hat{\psi}_m^*(\mathbf{r}) \hat{\psi}_n(\mathbf{r}') \tag{2-67}$$

$$\langle \hat{\psi}_m^\dagger(\mathbf{r}) \hat{\psi}_n^\dagger(\mathbf{r}') \hat{\psi}_k(\mathbf{r}'') \hat{\psi}_l(\mathbf{r}''') \rangle = \hat{\psi}_m^*(\mathbf{r}) \hat{\psi}_n^*(\mathbf{r}') \hat{\psi}_k(\mathbf{r}'') \hat{\psi}_l(\mathbf{r}''')$$

$$\tag{2-68}$$

其中，$[\cdots] = \xi |\cdots| \xi\rangle$ 和 $[\psi_m(r)] = \sqrt{N} \xi_m \psi_{m0}(r)$。等式（2-57）的哈密顿量的期望值可以表示为

$$E[\psi] = \langle \hat{H} \rangle =$$

$$\int d\mathbf{r} \left\{ \sum_{m=-1}^{1} \psi_m^* \left[-\frac{\hbar^2 \nabla^2}{2m} + V(\mathbf{r}) - pm + qm^2 \right] \psi_m + \frac{c_0}{2} n^2 + \frac{c_1}{2} \langle \hat{f} \rangle^2 \right\}$$

$$\tag{2-69}$$

其中 $\langle \hat{f} \rangle = (\langle \hat{f}_x \rangle, \langle \hat{f}_y \rangle, \langle \hat{f}_z \rangle)$，且

$$n = \sum_{m=-1}^{1} |\psi_m|^2 \tag{2-70}$$

$$\langle \hat{f}_a \rangle = \sum_{m,n=-1}^{1} \psi_m^* (f_a)_{mn} \psi_n \quad (\alpha = x, y, z) \tag{2-71}$$

分别表示粒子密度和自旋密度。从式（2-69），得到 c_0 一定是非负数，否则，系统崩塌。此外，当塞曼项被忽略，即 $p = q = 0$，当 $c_1 < 0$，基态是铁磁（$|[f]| = n$）。当 $c_1 > 0$，基态是极性（$|[f]| = 0$）。极性的序参数表示为 $\sqrt{n}\,(0,1,0)$ 或 $\sqrt{\frac{n}{2}}\,(1,0,1)$。这两种态可以通过空间旋转彼此转化，没有外磁场时，它们能发生转化。平均场的动力学可以用变分法导出

$$i\hbar \frac{\partial \psi_m(\mathbf{r})}{\partial t} = \frac{\delta E}{\delta \psi_m^*(\mathbf{r})} \tag{2-72}$$

将式（2-69）代入上式，得

$$i\hbar \frac{\partial \psi_m}{\partial t} = \left[-\frac{\hbar^2 \nabla^2}{2m} + V(r) - pm + qm^2 \right] \psi_m + c_0 n \psi_m + c_1 \sum_{n=-1}^{1} [\hat{f}] \cdot f_{mn} \psi_n$$

$$\tag{2-73}$$

其中 $[\hat{f}] \cdot f_{mn} = \sum_{\alpha=x,y,z} [\hat{f}_\alpha][f_\alpha]_{mn}$。以上即多组分的 GP 方程。自旋矢量 $[\hat{f}]$ 的成分表示为

$$\langle \hat{f}_x \rangle = \frac{1}{\sqrt{2}} [\psi_1^* \psi_0 + \psi_0^*(\psi_1 + \psi_{-1}) + \psi_{-1}^* \psi_0] \tag{2-74}$$

$$\langle \hat{f}_y \rangle = \frac{i}{\sqrt{2}} \left[-\psi_1^* \psi_0 + \psi_0^* (\psi_1 - \psi_{-1}) + \psi_{-1}^* \psi_0 \right] \quad (2\text{-}75)$$

$$\langle \hat{f}_z \rangle = |\psi_1|^2 - |\psi_{-1}|^2 \quad (2\text{-}76)$$

把式(2-73)展开成三分量 $m = 1, 0, -1$ GP 分式，可以表示成如下

$$\left[-\frac{\hbar^2 \nabla^2}{2m} + V(r) - p + q + c_0 n + c_1 \langle \hat{f}_z \rangle - \mu \right] \psi_1 + \frac{c_1}{\sqrt{2}} \langle \hat{f}_- \rangle \psi_0 = i\hbar \partial_t \psi_1$$

$$(2\text{-}77)$$

$$\left[\frac{c_1}{\sqrt{2}} \langle \hat{f}_+ \rangle \psi_1 + \left[-\frac{\hbar^2 \nabla^2}{2m} + V(r) + c_0 n + c_1 \langle \hat{f}_z \rangle - \mu \right] - \mu \right] \psi_1$$

$$+ \frac{c_1}{\sqrt{2}} \langle \hat{f}_- \rangle \psi_{-1} = i\hbar \partial_t \psi_0 \quad (2\text{-}78)$$

$$\left[\frac{c_1}{\sqrt{2}} \langle \hat{f}_+ \rangle \psi_0 + \left[-\frac{\hbar^2 \nabla^2}{2m} + V(r) + p + q + c_0 n - c_1 \langle \hat{f}_z \rangle - \mu \right] \right] \psi_{-1} = i\hbar \partial_t \psi_{-1}$$

$$(2\text{-}79)$$

其中 $[\hat{f}_\pm] = [\hat{f}_x] + i[\hat{f}_y]$，通过求解以上的等式，可以研究三组分 BEC 的平均场性质。

第3章　环形阱中两分量偶极自旋轨道耦合 BECs 的基态结构

过去的几十年中,对超冷原子气体的实验和理论研究取得了前所未有的进展[84,85]。一般来说,Feshbach 共振控制的原子间的接触相互作用在 BECs 的物理性质中起着关键的作用。对于大多数碱金属原子组成的玻色凝聚体,原子间的接触相互作用主要由 s 波散射长度决定,另一些相互作用可以被忽略。但是对于具有大磁偶极矩的原子组成的玻色凝聚体,不仅存在接触相互作用,也存在强的偶极-偶极相互作用(DDI)[86]。磁偶极-偶极相互作用可以是吸引的,也可以是排斥的,主要取决于原子偶极矩的方向、粒子的相对位置和系统的几何结构。近来,关于偶极量子气体铬[87]、镝[88]、铒[89]等原子的实验和理论研究表明,DDI 对 BECs 的平均场基态、波戈留波夫谱、多体基态和动力学以及费米气体的性质有着显著的影响[90-100],能导致一些奇特的量子现象,如铁超流(ferrosuperfluid)[87]、液滴晶体(droplet crystals)[94]、偶极超流体(dipolar superfluid)[99]、扁平的朗道能级(flat Landau levels)[101]和旋子模式(roton mode)[102]等的形成。

另一方面,近年来自旋轨道耦合的量子气体也是冷原子物理的热点之一[21]。与含有杂质且无序的天然固态系统相比,自旋轨道耦合的超冷原子气体由于其超高的纯度、实验的精确可控性以及优美的理论描述[15,16,18,19,103]为研究奇特的自旋轨道耦合物理现象提供了一个崭新的平台[27,29-32,43,104,105]。量子粒子的自旋轨道耦合在许多物理现象中起着关键作用,包括原子光谱的精细结构[36]、自旋霍尔效应[39]、拓扑绝缘体和拓扑超流体[106]。在实际的物理系统中,超冷原子都是被束缚在外势阱中,不同的外势能导致丰富的物理,因为不同的外势能够显著影响 BECs 的物理性质。例如,研究人员揭示了谐振子势中的呼吸激发模式和剪刀激发模式、光晶格中的超流体-Mott 绝缘体相变\supercite[107]以及双阱中的隐涡旋和宏观量子自囚禁[108-112]等现象。近来,由于实验技术的发展,一种新型的非单连通囚禁势-环形阱被广泛采用。近来的研究表明,环形阱具有精确可调控性,能导致非平庸的拓扑结构和不寻常的量子动力学[48,113-117]。

目前,已有的研究分别讨论了简谐阱[118]、共心双环外势[119]、自旋光晶格[120]等外在束缚条件下,旋转和 DDI 的共同作用对 BECs 的基态结构的影响。在本章中,主要研究环形阱中自旋轨道耦合的偶极 BECs 的基态结构。为了得到系统的基态,采用标准的虚时演化方法数值求解耦合的 GP 方程。结果表明,可以通过控制 DDI 强度和 SOC 强度得到预期的基态相,并且调控不同基态结构间的相变。此外,该系统能产生丰富的拓扑结构和奇特的自旋纹理,有望在将来的冷原子实验中能够被观测到。

3.1　理论模型

对于环形阱中两组分偶极 Rashba 自旋轨道耦合 BECs,且该阱在 z 方向被强束缚。基于平均场近似理论,系统的动力学可用耦合的两维的 GP 方程表示为[121]

$$i\hbar\frac{\partial\psi_j}{\partial t}=\left[-\frac{\hbar^2\nabla^2}{2m}+V(r)+g_i|\psi_j|^2+g_{i(3-j)}|\psi_{(3-j)}|^2+v_{so}+\phi_j+\phi_{j(3-j)}\right]\psi_j$$

$$(3-1)$$

式中,$\psi_j(j=1,2)$ 表示两组分的波函数,并且归一化条件满足 $\int[|\psi_1|^2+|\psi_2|^2]\mathrm{d}\mathbf{r}=N$,$N$ 是原子的数量。$g_j=\frac{\sqrt{8\pi}\hbar^2a_j}{ma_z}(j=1,2)$ 和 $g_{12}=g_{21}=\frac{\sqrt{8\pi}\hbar^2a_{12}}{ma_z}$ 分别表示系统种间和种内的耦合系数[122],假定两组分的原子具有相同的质量 m,$a_z=\sqrt{\frac{\hbar}{m\omega_z}}$,其中 ω_z 是 z 方向的简谐阱振荡频率,$a_j(j=1,2)$ 和 a_{12} 分别代表种间原子和种内原子的 s 波散射长度。Rashba 自旋轨道耦合表示为 $v_{so}=-i\hbar k(\hat{\sigma}_x\partial_y-\hat{\sigma}_y\partial_x)$,其

中 $\hat{\sigma}_{x,y}$ 是泡利矩阵, k 表示各向同性的自旋轨道耦合强度。环形阱可以表示为[48,123]

$$V(\mathbf{r}) = \frac{1}{2}\hbar\omega\left[V_0\left(\frac{r^2}{a_0^2} - r_0\right)^2\right] \tag{3-2}$$

式中, $\omega_\perp$ 是径向振荡频率,单位长度 $a_0 = \sqrt{\dfrac{\hbar}{\omega_\perp}}$, $r = \sqrt{x^2 + y^2}$ 。 V_0 和 r_0 为无量纲化后的常数,分别表示环形阱的中心高度和宽度。 $\phi_j(x,y)(j=1,2)$ 和 $\phi_{12}(x,y) = \phi_{21}(x,y)$ 分别代表偶极的种间和种内作用,其具体表示如下[86,124]

$$\phi_j = c_j\int d\mathbf{r}\, U_{dd}(\mathbf{r}-\mathbf{r}')\,|\psi_j(\mathbf{r}')|^2$$

$$\phi_{j(3-j)} = c_{12}\int d\mathbf{r}'\, U_{dd}(\mathbf{r}-\mathbf{r}')\,|\psi_{(3-j)}(\mathbf{r}')|^2 \tag{3-3}$$

式中, $c_j = \dfrac{\mu_0\mu_j^2}{4\pi}$ 和 $c_{12} = \dfrac{\mu_0\mu_1\mu_2}{4\pi}$ 分别指的是种间和种内的磁偶极子常数, μ_0 表示真空磁导率, $\mu_j(j=1,2)$ 分别表示两分量的磁偶极矩。当所有磁偶极子都被外部磁场沿相同方向极化时, $U_{dd}(\mathbf{R})$ 表示为[118,125]

$$U_{dd}(\mathbf{R}) = \frac{(1-3\cos^2\theta)^3}{R} \tag{3-4}$$

式中, θ 表示磁化方向和原子间相对位置的角度。

为了简化问题,我们假设偶极-偶极相互作用只存在于组分1中,且磁偶极矩沿着 z 方向,即 $\phi_2 = \phi_{12} = \phi_{21} = 0$ 。考虑到后面的数值计算,引入以下符号表示比较方便, $\tilde{r} = \dfrac{r}{a_0}$, $\tilde{t} = \omega_\perp t$, $\tilde{V}(r) = \dfrac{V(r)}{\hbar\omega_\perp}$, $\tilde{\phi}_1 = \dfrac{\phi_1}{\hbar\omega_\perp}$, $\tilde{\psi}_j = \dfrac{\psi_j a_0}{\sqrt{N}}(j=1,2)$, $\beta_{jj} = \dfrac{g_j Nm}{\hbar^2}(j=1,2)$, $\beta_{12} = \dfrac{g_{12}Nm}{\hbar^2}$,然后得到无量纲的耦合的GP方程组

$$i\partial_t\psi_1 = \left[-\frac{1}{2}\nabla^2 + V + \beta_{11}|\psi_1|^2 + \beta_{12}|\psi_2|^2 + \phi_1\right]\psi_1 + k(\partial_x - i\partial_y)\psi_2 \tag{3-5}$$

$$i\partial_t\psi_2 = \left[-\frac{1}{2}\nabla^2 + V + \beta_{22}|\psi_2|^2 + \beta_{12}|\psi_1|^2\right]\psi_2 - k(\partial_x + i\partial_y)\psi_1 \tag{3-6}$$

为了简化起见,公式中的波浪线已省略。 $\beta_{jj}(j=1,2)$ 和 β_{12} 是无量纲化

的接触的种间和种内耦合相互作用,k 是前面提到的无量纲化的自旋轨道耦合作用,对于目前的偶极 BECs,系统的相互作用包括 s 波相互作用,偶极-偶极相互作用和自旋轨道耦合。

对于旋转的环形阱中两组分偶极 BECs,该阱同样在 z 方向被强束缚。基于平均场近似理论,系统的动力学用两维的耦合 GP 方程表示为

$$i\hbar\frac{\partial\psi_j}{\partial t}=\left[-\frac{\hbar^2\nabla^2}{2m}+V(r)+g_i|\psi_j|^2+g_{i(3-j)}|\psi_{(3-j)}|^2-\Omega L_z+\phi_j+\phi_{j(3-j)}\right]\psi_j$$

$$(3\text{-}7)$$

其中,Ω 是沿着 z 方向的旋转频率,$L_z=i\hbar(y\partial_x-x\partial_y)$ 是角动量算符的 z 分量。这里引入 $\widetilde{\Omega}=\dfrac{\Omega}{\omega_\perp}$,其余的量在无量纲化过程中所做的变换和上面是一样的,只有组分 1 存在偶极作用的情况下,得到描述旋转的偶极 BECs 的无量纲 GP 方程组:

$$i\partial_t\psi_1=\left[-\frac{1}{2}\nabla^2+V+\beta_{11}|\psi_1|^2+\beta_{12}|\psi_2|^2+\phi_1-\Omega L_z\right]\psi_1 \quad (3\text{-}8)$$

$$i\partial_t\psi_2=\left[-\frac{1}{2}\nabla^2+V+\beta_{22}|\psi_2|^2+\beta_{12}|\psi_1|^2-\Omega L_z\right]\psi_2 \quad (3\text{-}9)$$

在本书中,引入一个无量纲量来描述 DDI 相对于接触相互作用的大小[119,125]

$$\varepsilon_{dd}=\frac{a_{dd}}{a_1=\dfrac{\mu_0\mu_1^2 m}{12\pi\hbar^2 a_1}} \quad (3\text{-}10)$$

式中,a_{dd} 为 DDI 的散射长度。这里假设偶极子在 z 方向被极化,也就是偶极子沿着 z 轴并排排列,在这种情形下,DDI 变成各向同性的排斥(或吸引)作用,等效于一个接触相互作用。因此,这里 DDI 可以改写成有效的接触相互作用形式[119,125]

$$\phi_1=\beta_{11}\varepsilon_{dd}|\psi_1|^2 \quad (3\text{-}11)$$

当 $\varepsilon_{dd}>0$ 时,DDI 是排斥的;当 $\varepsilon_{dd}<0$ 时,DDI 是吸引的。组分 1 的总的相互作用强度可以表示成 $(1+\varepsilon_{dd})\beta_{11}$,因此我们可以通过改变 ε_{dd},自旋轨道耦合系数 k,相互作用系数 β_{11}、β_{22} 和 β_{12} 来调控系统不同的基态相。为了更好地理解系统的物理性质,我们采用非线性的 Sigma 模型[76,126,127],其中归一化的复值旋量 $\chi=[\chi_1,\chi_2]^T$ 且 $|\chi_1|^2+|\chi_2|^2=1$。非线性 Sigma 模型是系统的序参量的赝自旋表示,在这种情形下,两组分的 BECs 能看作是赝自旋-1/2 的 BEC。两个系统之间能建立一个

精确的数学关系，其中 $\psi_1(\psi_2)$ 对应自旋-1/2 的自旋向上和自旋向下的组分，详细的讨论参见文献[126,127]。系统的全部密度表示为 $\rho = |\psi_1|^2 + |\psi_2|^2$，两组分对应的波函数分别表示为 $\psi_1 = \sqrt{\rho}\chi_1$ 和 $\psi_2 = \sqrt{\rho}\chi_2$，自旋密度由 $\mathbf{S} = \bar{\chi}\sigma\chi$ 给出，其中 $\sigma = (\sigma_x, \sigma_y, \sigma_z)$ 是泡利矩阵。自旋密度 $\mathbf{S}$ 的三个分量定义为[29,77,128]

$$S_x = \chi_1^* \chi_2 + \chi_2^* \chi_1$$
$$S_y = i(\chi_2^* \chi_1 + \chi_1^* \chi_2)$$
$$S_z = |\chi_1|^2 - |\chi_2|^2 \qquad (3\text{-}12)$$

式中，$\mathbf{S} = \sqrt{|S_x|^2 + |S_y|^2 + |S_z|^2}$。

3.2 偶极自旋轨道耦合 BECs 基态结构的分析与讨论

不存在 DDI 和 SOC 时，环形阱中两组分的 BECs 能产生两个典型的基态相：相混合（component mixing）和相分离（component demixing）[48,116]。这两种不同的基态可以通过调控种间和种内相互作用得到。这里，重点考虑强束缚的环形阱，其中 $V_0 = 5, r_0 = 3$。采用基于 Peaceman-Rachford 算法的标准的虚时传播方法[129,130]，通过数值计算能获得环形阱中含有 DDI 和 SOC 的两组分 BECs 的基态结构。Peaceman-Rachford 算法的主要思想是把二维的问题转换成两个一维的问题，并且该算法能被应用到三维的情形。基于 Peaceman-Rachford 算法的虚实演化方法有很好的收敛性、高精度和较强的稳定性。这个方法可靠性的检验方式之一可以根据系统的总能量和分量波函数的快速收敛值验证。这个方法的收敛度和精确度的第二种检验方式可以依据维里定理，维里定理确定了对系统的动能和势能有贡献的物理量之间的严格定量关系。此外，还可以采用不同的试探波函数最后得出相同的收敛结果来检验。所有的检验在数值计算中都已被证实。为了强调 DDI 和 SOC 的作用，书中固定相互作用参数 $\beta_{11} = 100$、$\beta_{22} = 50$ 和 $\beta_{12} = 200$，改变 DDI 强度 ε_{dd} 或者自旋轨道耦合强度 k。事实上，数值结果表明对于接触相互作用参数的其他组合情况存在类似的相结构。书中，$|\psi_1|^2$ 和 $|\psi_2|^2$ 分别表示偶极组分

（组分 1）和非偶极组分（组分 2）的密度分布，argψ_1 和 argψ_2 分别是偶极组分和非偶极组分的相位分布。

3.2.1　系统的基态结构

图 3-1 给出了以 SOC 强度和 DDI 强度为变化参数的基态相图，该相图共有八个典型的量子相，分别用 A-H 表示，这八个量子相由它们的密度分布和相位分布来区分。在以下的讨论中对每个相进行具体的描述。图 3-1 中 A-H 区域的密度分布和相位分布分别如图 3-2（a）～（e）和图 3-3（b）、（c）、（f）所示。

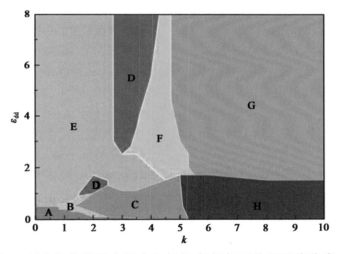

图 3-1 以自旋轨道耦合强度和偶极-偶极相互作用强度为变化参数的基态相图。其中 $\beta_{11} = 100$，$\beta_{22} = 50$ 和 $\beta_{12} = 200$，该图有八个不同的量子相分别用 A-H 表示

先考虑 SOC 和 DDI 都较弱的情况，由图 3-1 中 A 区域表示。在此相图中，两组分的密度呈现层状分离的对称环状结构［如图 3-2（a）上面两行所示］，该现象的发生主要由于强烈的排斥接触作用 $\beta_{12}^2 > \beta_{11}\beta_{22}$ 和环形阱的束缚作用共同产生的。从图 3-2 的第三行和第四行对应的相位分布来看，我们观测到相位值从 -π（蓝色）到 π（红色）发生连续的变化，π 相线和 -π 相线间的边界终点对应一个相位缺陷，即逆时针旋转的

涡旋或者顺时针旋转的反涡旋。图 3-2(a)中系统的拓扑结构是一个半量子涡旋结构，即在偶极组分(组分 1)中没有相位缺陷，而在非偶极组分(组分 2)中有一个涡旋。由于环形阱的存在，这里的半量子涡旋是不同于 Anderson-Toulouse 无核涡旋[131,132]，所谓 Anderson-Toulouse 无核涡旋，是指一个组分的涡旋核被另一个非旋转组分填满。对于稍强一点的自旋轨道耦合和偶极-偶极作用，如图 3-1 所示，A 相转换为 B 相，其对应的基态结构如图 3-2(b)所示，两组分分别演变成分离式的条纹形状和块状结构，同时伴随着相位缺陷的产生。随着自旋轨道耦合强度的增加，C 相作为基态出现，其密度分布如图 3-2(c)所示，组分密度分布中交错和分离式的花瓣结构变得非常明显，同时，组分 1 相位分布的中心区域有三量子巨涡旋结构，其外层被一个隐藏的反涡旋项链包围[108,111]，最外层又被鬼涡旋项链(ghost vortex necklace)和鬼反涡旋项链(ghost antivortex necklace)包围。通过比较，组分 2 相位的中心区域被三量子反涡旋组成的巨涡旋占据，其外层被一个隐藏的涡旋项链包围，最外层又被鬼反涡旋和鬼涡旋项链包围。这些相位缺陷整体上构成了有核涡旋和有核反涡旋。这里系统的量子相结构明显不同于简谐势阱中两组分自旋轨道耦合的 BECs 所具有的量子相结构[29]。对于后者而言，当接触相互作用满足 $\beta_{12}^2 > \beta_{11}\beta_{22}$，系统通常形成常规的条纹相和具有巨斯格明子的分离对称相。事实上，这种特殊的花瓣结构是偶极-偶极相互作用，自旋轨道耦合作用，环形阱和强的种间排斥作用共同产生的结果。在弱的自旋轨道耦合和相对强的偶极-偶极相互作用的情况下，C 相转换为 D 相，如图 3-1 所示。其密度和相位如图 3-2(d)所示，两组分密度中的花瓣结构变成整体化且大部分的相位缺陷消失。尤其，组分 2 的密度洞是由取代了巨涡旋(巨反涡旋)的两个涡旋偶极子(涡旋-反涡旋对)形成的。尽管 B 相和 C 相的密度分布不具有旋转对称性，但它们关于 $y=0$ 轴(或者 $y=0$ 轴和 $x=0$ 轴)有好的轴对称性。当存在较大的排斥的偶极-偶极作用时，该系统的组分 1 和组分 2 的基态结构与 A 相的基态结构发生交换，其对应的相图是图 3-1 中的 E 相，该区域典型的密度和相位分布如图 3-2(e)所示。此外在其他参数固定时，由于在偶极成分里有效的相互作用满足 $(1+\epsilon_{dd})\beta_{11}$，我们发现参数 β_{11} 和 ϵ_{dd} 不同数值的结合能够产生相同的基态结构。例如，当 $\beta_{11}=120$ 和 $\epsilon_{dd}=0.25$ 时系统的基态结构和 $\beta_{11}=100$ 和 $\epsilon_{dd}=0.5$ 时是完全相同的。再者，我们的数值结果表明，当吸引的偶极偶极作用高于塌缩临界值，系统的基态结构是与图 3-2(a)相似的。文献[115]只考虑了环形阱中自旋轨道耦合的作用,与其相比较,图 3-2(b)～(c)基态结构的变化就是由偶极-偶极的变化引起的。

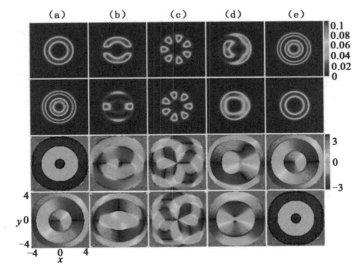

图 3-2　自旋轨道耦合的偶极的两组分 BECs 的基态结构,其中 $\beta_{11}=100$,$\beta_{22}=150$,$\beta_{12}=200$ 和 $k=2$。(a)$\varepsilon_{dd}=0$,(b)$\varepsilon_{dd}=0.2$,(c)$\varepsilon_{dd}=0.5$,(d)$\varepsilon_{dd}=1.5$,(e)$\varepsilon_{dd}=2$。从上行到下行分别表示 $|\psi_1|^2$,$|\psi_2|^2$,$\mathrm{arg}\psi_1$ 和 $\mathrm{arg}\psi_2$,单位长度为 a_0

　　为了对该系统有更深刻的理解,研究了强排斥 DDI($\varepsilon_{dd} \geqslant 2.5$)的基态相图。随着 SOC 的增加,如图 3-1 所示 E 相转换为 D 相。对于相对较强的 SOC($k \geqslant 2.7$),F 相作为系统的基态出现,如图 3-1 中的粉色区域所示。该相的密度和相位分布如图 3-3(b)所示,两组分的中心处都存在一个巨涡旋(一个多量子涡旋)[133],且被一个反涡旋项链包围。当自旋轨道耦合进一步增加,F 相转换为 G 相(如图 3-1 的浅紫色区),在 G 相,两组分密度由交替的月牙状的反涡旋串包围着中心的大的密度洞组成,该大密度洞不是通常的巨涡旋或巨反涡旋,而是由两个单量化的隐藏涡旋组成的隐藏涡旋对构成的[108,111][如图 3-3(c)所示]。G 区域存在于较强的 SOC 和 DDI 并且占据图 3-1 基态相图的大部分区域。本质上,图 3-3(c)中不规则的涡旋和反涡旋结构是由 DDI、SOC、接触相互作用和环形阱的束缚作用共同引起的。图 3-3(a)～(c)描述了固定较强的

DDI 作用,变化的 SOC 对系统基态的影响。

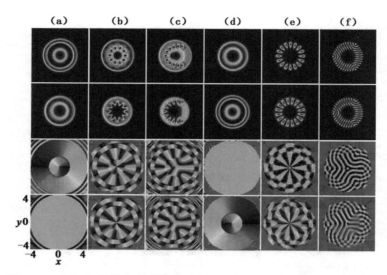

图 3-3　自旋轨道耦合的偶极的两组分 BECs 的基态结构,其中接触相互作用与图 3-1 中接触相互作用相同。(a)$\varepsilon_{dd}=6,k=0.5$,(b)$\varepsilon_{dd}=6,k=4.5$,(c)$\varepsilon_{dd}=6,k=5$,(d)$\varepsilon_{dd}=0.3,k=0.5$,(e)$\varepsilon_{dd}=0.3,k=5$,(f)$\varepsilon_{dd}=0.3,k=10$。从上行到下行分别表示 $|\psi_1|^2$,$|\psi_2|^2$,$\arg\psi_1$ 和 $\arg\psi_2$,单位长度用 a_0 表示

最后,考虑相对弱的 DDI,当 SOC 逐渐增加时,图 3-1 中 A 相经过 B 相转换为 C 相,最后转换为 H 相。以 $\varepsilon_{dd}=0.3$ 和 $k=5$ 为例,每组分密度发展成沿方位角方向的 16 个花瓣组成的项链结构[图 3-3(e)]。这种类似的项链结构在文献[116]中有过报道,在该文献里仅仅是奇数个花瓣被观测到。通过比较,由图 3-2(c)和图 3-3(e)知,由于 DDI 的存在,该系统中奇数个花瓣和偶数个花瓣状项链结构都可以被容易地观测到。此外,从组分 1 的相位分布可以看出密度洞没有任何相位缺陷。但是,花瓣的环形区域存在隐藏涡旋-反涡旋项链,其被原子云的外部区域的几个复杂的鬼涡旋链或者是鬼涡旋-反涡旋链包围。此外,一个巨反涡旋(七个量子化反涡旋)分布在组分 2 的中心区域,在环形花瓣区域由一个隐藏涡旋项链和一个由涡旋-反涡旋对组成的隐藏涡旋-反涡旋项链形成。同时,原子云的外部区域由几个复杂的鬼涡旋-反鬼涡旋项链占据[116]。在强 SOC 的作用下,H 相作为基态出现。其中 H 相的密度和

相位分布如图 3-3(f)所示,花瓣演变成弯曲的条纹且密度分布变成几个区域,除了组分 2 中心处单个的量子化涡旋,其他的相位缺陷以涡旋-反涡旋对的形式随机地分布在原子云的外边界区域。其中 3-2(c)花瓣状的密度分布及对应的相位分布中的涡旋结构和粒子流、图 3-3(b)～(c)和(e)～(f)的基态结构都是由环形阱引起的特定结构。图 3-3(d)～(e)描述了固定较弱 DDI 的作用,变化的 SOC 对系统基态的影响。

在该系统中轨道角动量的 z 分量可以表示为 $[L_z] = \int \psi^{\dagger}(r)(xp_y - yp_x)\psi(r)dr$,其中 $\psi(r) = (\phi_1, \phi_2)^{\mathrm{T}}$。图 3-4 给出了当偶极-偶极相互作用强度 $\varepsilon_{dd} = 1$ 时,角动量 $[L_z]$ 随 k 变化的图像。由于仅组分 2 中有一个涡旋,所以 E 相具有非常小的角动量。自旋轨道耦合强度在 $1.5 \leqslant k \leqslant 2$ 的位置时,角动量 $[L_z]$ 快速增加,此相属于 D 相。C 相的角动量整体呈增加的趋势,这是由于两个组分同时有增加的携带角动量的多量子化涡旋。在 H 相,$[L_z]$ 在 $k \simeq 5.5$ 时减少,因为在该处组分 2 没有任何相位缺陷。$[L_z]$ 的最大值约在 $k \simeq 6.5$,由于此时两组分有许多携带角动量的涡旋。当 $k \simeq 7.5$,$[L_z]$ 减少,其原因与 $k \simeq 5.5$ 的情形是一样的。

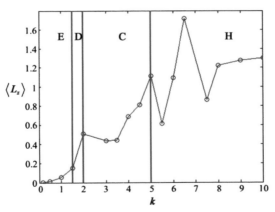

图 3-4　固定 $\varepsilon_{dd} = 1$ 时,轨道角动量 $[L_z]$ 随自旋轨道耦合 k 强度变化的图像,竖线区分不同的相位,曲线表示变化的规律

从以上的分析和讨论来看,当其他参数固定时,系统的基态结构可以通过调控 DDI 强度 ε_{dd} 以及 SOC 来调节。以上表明作为两个新的自由度,DDI 和 SOC 能够被精确调控以获得预期的基态相,并且可用来操控不同基态相之间的相变。此外,奇特的拓扑结构[尤其是图 3-2(b)～

(d)和图 3-3 中(b)~(e)和(f)所示]是不同于传统的自旋轨道耦合 BECs[18,21,27,43,105,116]，偶极 BECs[91,99] 和存在或不存在 SOC(DDI)情形旋转的两组分的 BECs[29,108,122,133]中观察到的拓扑结构。

3.2.2 自旋纹理

典型的自旋密度如图 3-5 所示，其中 $\beta_{11}=100,\beta_{22}=150$ 和 $\beta_{12}=200$。图 3-5 中(a)~(c)中的 DDI 和 SOC 分别为：$\varepsilon_{dd}=0.5,k=2,\varepsilon_{dd}=6,k=5$，$\varepsilon_{dd}=0.3,k=0.5$。其对应的密度和相位分布分别如图 3-2(c)、图 3-3(c)、图 3-3(e)所示。在自旋表象中，S_z 的蓝色区域表示自旋向下($S_z=-1$)，红色区域表示自旋向上($S_z=1$)。对于弱的 DDI[图 3-5(a)]，自旋分量 S_x 沿着 x 方向和 y 方向同时遵循偶宇称分布(even parity distribution)，而 S_y 的情况正好和 S_x 相反，即 S_y 沿着两方向呈现奇宇称分布(odd parity distribution)。S_z 在 x 方向遵从偶宇称分布，在 y 方向遵从奇宇称分布。通过比较，对于强的 DDI 的 BECs[如图 3-5(b)所示]，S_x 和 S_z 呈现出沿 x 方向的偶宇称分布，而 S_y 呈现沿 x 方向的奇宇称分布，这里沿 y 方向的偶宇称和奇宇称分布由于 DDI 长程和各向异性的特点而丢失。此外，图 3-5(a)的自旋成分 S_z 中心区域有花瓣状结构呈现放射状，外部区域环绕着两个不同半径的项链状结构。沿着径向交替出现的蓝色和红色花瓣和沿着方位角两个方向的小块的交替出现以及径向方向这些现象意味着在自旋表象中一些规则的自旋畴壁形成。蓝色花瓣(蓝色小块)和红色花瓣(红色小块)的边界区域形成了一个 $|S_z|\neq1$ 的自旋畴壁。众所周知，对于非旋转两组分的 BECs 的系统，自旋畴壁是典型的耐尔(Neel)畴壁，该畴壁中自旋仅仅沿着畴壁的垂直方向翻转。但是数值计算结果表明，该区域的自旋不仅沿着畴壁的垂直方向(方位角方向)，也沿着畴壁的方向(径向)，以上表明该畴壁是一种新的自旋畴壁，且能在目前的实验技术条件下实现。对于弱的 DDI 且较强的 SOC 的 BECs[图 3-5(c)]，自旋成分 S_x 沿着 x 方向遵从偶宇称分布，y 方向遵循奇宇称分布，而 S_y 的情况正好和 S_x 相反，即沿着 x 方向遵从奇宇称分布，y 方向遵循偶宇称分布。S_z 在 x 和 y 方向同时遵从偶宇称分布。

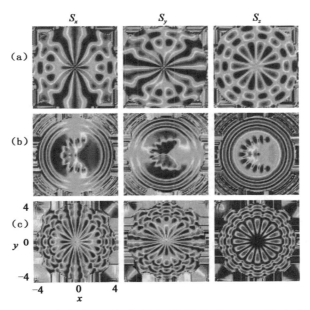

图 3-5 环形阱中自旋轨道耦合的偶极的 BECs 的自旋密度。
(a)$\varepsilon_{dd}=0.5, k=2$,(b)$\varepsilon_{dd}=6, k=5$,(c)$\varepsilon_{dd}=0.3, k=5$,(d)$\varepsilon_{dd}=0.3, k=0.5$ 纵列(从左到右)分别表示自旋密度矢量的三个分量纵列(从左到右)分别表示是自旋密度矢量的三个分量 S_x,S_y 和 S_z。

图 3-6(a)和图 3-6(b)所示分别为拓扑荷密度和自旋纹理,其 DDI 和 SOC 强度分别为 $\varepsilon_{dd}=0.5$ 和 $k=2$,接触相互作用参数与图 3-1～图 3-5 中的参数相同的,图 3-6 中的(c)～(f)是图 3-6(b)自旋纹理的局部放大。其对应的基态结构和三个方向的自旋密度分量分别如图 3-2(c)和图 3-5(a)所示。在图 3-6 中(b)～(d)中,蓝色点表示放射方向向里的半斯格明子(radial-in half-antiskyrmions)即反梅陇对(a ntimerons)[127,134],其局部携带的拓扑荷 $Q=-0.5$,红色点表示放射方向向外的半斯格明子(radial-out half-skyrmions)即陇对(merons)[73,135],其局部携带的拓扑荷 $Q=0.5$。这些梅陇-反梅陇对(meron-antimeron\pairs)即半斯格明子和半反斯格明子对(half-skyrmion and half-antiskyrmion pairs)组成一个交替复杂和迷人的梅陇-反梅陇项链即半斯格明子-半反斯格明子项链,以上的结构就目前而言没有被报道过。此外,一些拓扑荷为 $|Q|=1$ 的斯格明子(或反斯格明子)分布在梅陇-反梅陇项链的外部,典

型的局部放大如图 3-6(e)和 3-6(f)所示。事实上,图 3-6(e)表示拓扑荷 $Q=-1$ 的双曲-放射向里的反斯格明子,而图 3-6(f)表示拓扑荷 $Q=1$ 的双曲-放射向外的斯格明子,前者是两个反梅陇(半反斯格明子)的组合,后者是两个梅陇(半斯格明子)的组合。物理上,目前系统的自旋纹理中的斯格明子或梅陇(半斯格明子)与组分密度的涡旋结构有关。由于 BECs 的量子流体性质,粒子密度遵循连续性条件。

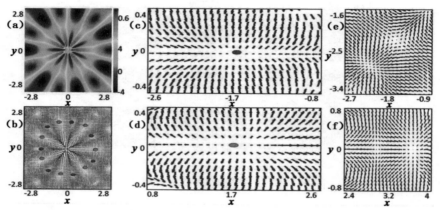

图 3-6 拓扑荷密度和自旋纹理分布,其中 $\varepsilon_{dd}=0.5$,$k=2$。(a)拓扑荷密度,(b)对应的自旋纹理,(c)~(f)图(b)中自旋纹理的局部放大。蓝色点表示半反斯格明子(半反梅陇),红色点表示半斯格明子(梅陇),其基态结构如图 3-2(c)所示

斯格明子有不同的结构,文献[77]中指出双曲-径向向外的斯格明子、双曲-径向向里的斯格明子和圆形-双曲型斯格明子结构中自旋密度矢量 S_z 具有 -1 和 1 两个极值。同时径向-向里斯格明子、径向-向外斯格明子、圆形斯格明子和双曲型斯格明子可以通过三个参数进行分辨:极性 $p=\mathrm{sgn}[\boldsymbol{S}\cdot\boldsymbol{S}(r=0)]$,环量 $c=\mathrm{sgn}\{\boldsymbol{e}_z\cdot[r\times\boldsymbol{S}(r\neq0)]\}$ 以及散度 $d=\mathrm{sgn}\{\boldsymbol{e}_r\cdot\boldsymbol{S}(r\neq0)\}^{[136]}$。此外,一个梅陇结构的自旋向量覆盖自旋空间单位球面的一半,而斯格明子的自旋向量覆盖自旋的整个空间,这就是一个梅陇所携带的拓扑荷为 0.5,而斯格明子所携带的拓扑荷为 1 的原因。由此可见,斯格明子对应的自旋密度分量 S_z 的取值范围是 -1 到 1,而梅陇结构中 S_z 的取值范围是 -1 到 0 或者 0 到 1。

图 3-7(a)表示 $\beta_{11}=100$,$\beta_{22}=150$,$\beta_{12}=200$,$\varepsilon_{dd}=6$ 和 $k=5$ 时系统

的拓扑荷密度,其基态结构和三个自旋成分分别如图 3-3(c)和图 3-5(b)
所示。其对应的自旋纹理如图 3-7(b)所示,典型自旋纹理的局部放大分
别如图 3-7(c)和 3-7(d)所示。数值结果表明,图 3-7(c)中两个局部放大
是两个梅陇,其中每个局部的拓扑荷密度势 $Q=0.5$,其表明图 3-7(b)中
的自旋纹理的弧形结构是弯曲的梅陇链。同时,数值计算表明图 3-7(d)
中两个局部携带的拓扑荷密度都是 $Q=-0.5$,以上表明图 3-7(b)中沿
着 $y=0$ 轴的两个自旋缺陷[图 3-7(a)]构成一个明显的由两个反梅陇
组成的反梅陇对。因此,弯曲的梅陇链和反梅陇对共同形成一个特殊的
复合的梅陇-反梅陇晶格,目前还没有被报道过。图 3-6 和图 3-7 中提到
的有趣的自旋纹理能够在今后的冷原子实验中被测试和观察到。

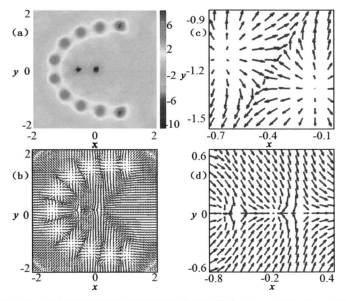

图 3-7　拓扑荷密度和自旋纹理分布,其中 $\boldsymbol{\beta}_{11}=100$,$\boldsymbol{\beta}_{22}=150$
和 $\boldsymbol{\beta}_{12}=200$,$\boldsymbol{\varepsilon}_{dd}=6$,$k=5$(a)拓扑荷密度,(b)对应的自旋纹理,
(c)~(d)对应图(b)局部放大,其基态结构如图 3-3(c)所示

图 3-8(a)表示 $\beta_{11}=100$,$\beta_{22}=150$,$\beta_{12}=200$,$\varepsilon_{dd}=0.3$ 和 $k=0.5$ 时
系统拓扑荷密度,其对应的基态结构和三个自旋分量分别如图 3-3(e)和
图 3-5(c)所示。其对应的自旋纹理如图 3-8(b)所示,图 3-8(b)中蓝色
点、红色点和黄色点所在位置的局部放大分别如图 3-7(c)~(e)所示。

数值结果表明,图 3-7(c)中的局部放大是一个半反斯格明子,即反梅陇,其拓扑荷 $Q=-0.5$,即图 3-8(b)中心一圈是由半反斯格明子组成的环状结构。图 3-7(d)中两个局部放大是两个梅陇,其中每个局部自旋纹理携带的拓扑荷为 $Q=0.5$。同时,数值计算表明图 3-8(e)是一斯格明子对,其拓扑荷是 $Q=-2$,以上表明图 3-8(b)的外环是梅陇对和双斯格明子交替组成的。到现在为止这种拓扑结构未曾被发现过。这些有趣的自旋纹理有望在将来的冷原子实验中观察到。

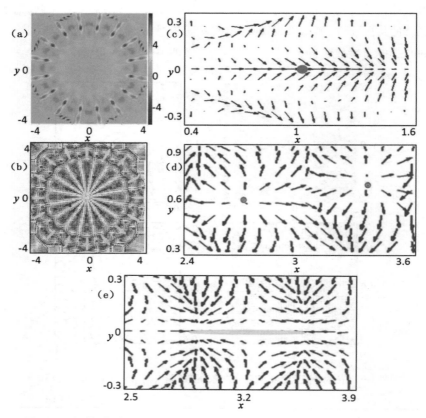

图 3-8　拓扑荷密度和自旋纹理分布,其中 $\beta_{11}=100$,$\beta_{22}=150$,$\beta_{12}=200$,$\varepsilon_{dd}=0.3$ 和 $k=5$。(a)拓扑荷密度,(b)对应(a)的自旋纹理,(c)~(e)对应图(b)局部放大。(b)和(c)蓝色点表示半反斯格明子,(b)和(d)红色点表示半斯格明子,(b)和(e)黄色点表示斯格明子对,其基态结构如图 3-3(e)所示

3.3　旋转偶极 BECs 基态结构的分析与讨论

这一节通过数值计算探讨了旋转的环形阱中两分量偶极 BECs 产生的自旋纹理。我们选取的参数为 $\beta_{11}=100,\beta_{22}=100,\beta_{12}=150$。图 3-9 给出了在不同的偶极作用和不同的旋转角频率下偶极分量和非偶极分量基态的密度分布和相应的相位分布。当在较小的偶极-偶极相互作用和较小的旋转速度情形下($\varepsilon_{dd}=0.1,\Omega=1$),组分 1 的粒子数大于组分 2 的粒子数,所以组分 1 处于势阱的中心,组分 2 被排斥在外侧。在组分 2 的低密度区域,得到了 4 量子巨涡旋结构。随着旋转角速度的增加($\varepsilon_{dd}=0.1,\Omega=1.5$),由于增大的离心势的作用,组分 1 的密度变成了小圆环,如图 3-9(b)所示。当排斥的偶极-偶极相互作用增强时,即 $\varepsilon_{dd}=0.5$ 时,从图 3-9(c)的相位图可以看出,组分 1 包含的环流量子数为 6,形成巨涡旋,组分 2 则被排斥在组分 1 的低密度区域,形成一个更大的圆环。在组分 2 的低密度区域,分布着环流量子数为 15 的巨涡旋。通过前面赝自旋概念的介绍,将系统看作一个赝自旋-1/2 的 BECs[65]。组分 1 自旋向上,组分 2 自旋向下,在两组分的界面上,自旋由上到下进行翻转,相应的自旋纹理为巨斯格明子,如图 3-10 所示。自旋密度分量 S_x 和 S_y 的分布相似,所以在图中只给出了 S_y 的空间分布。拓扑荷密度用来描述斯格明子的空间分布,从图中可以看出,其分布在一个环形区域,此区域正式两组分空间重叠的位置。我们知道,单个巨斯格明子所携带的拓扑荷等于巨涡旋中的环流量子数相同。而对于两组分都是巨斯格明子的情况,情况变得比较复杂。我们发现,两组分都是巨斯格明子所携带的拓扑荷与相对相位中的环流量子数有着密切的关系。

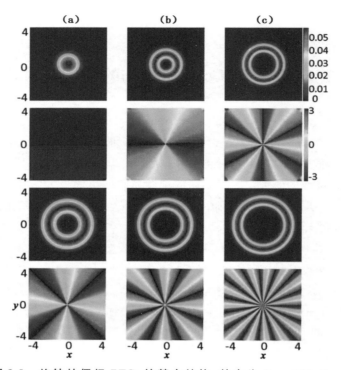

图 3-9　旋转的偶极 BECs 的基态结构，其中为 $\beta_{11}=100, \beta_{22}=100, \beta_{12}=150$。（a）为 $\varepsilon_{dd}=0.1, \Omega=1$，（b）$\varepsilon_{dd}=0.1, \Omega=1.5$，（c）$\varepsilon_{dd}=0.5, \Omega=1.5$。从上行到下行分别表示 $|\psi_1|^2$，$\arg\psi_1$，$|\psi_2|^2$ 和 $\arg\psi_2$，单位长度为 a_0

　　为了解释这一现象，在极坐标中，将两组分波函数的相位近似地写成 $\theta_j=l_j\phi$，其中 $l_j=0,1,2\cdots$ 表示以 r 为半径的圆内所包含的环流量子数。赝自旋密度可表示为

$$S_x=\sqrt{1-[S_z(r)]^2}\cos[(l_1-l_2)\phi] \tag{3-15}$$

$$S_y=\sqrt{1-[S_z(r)]^2}\sin[(l_1-l_2)\phi] \tag{3-16}$$

$$S_z=S_z(r) \tag{3-17}$$

相应的拓扑荷密度可表示为

$$q(r)=\frac{[l_1-l_2]}{4\pi r}\frac{\mathrm{d}S_z(r)}{\mathrm{d}r} \tag{3-18}$$

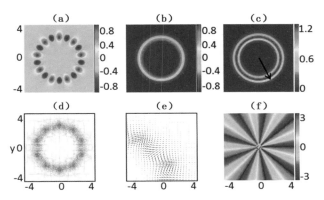

图 3-10　(a)和(b)表示分别自旋密度 S_y 和 S_z 分量,(c)拓扑荷密度,(d)对应(a)的自旋纹理,(e)为(d)的局部放大图,(f)为两分量的相位差。其基态结构对应图 3-9(c)

这里 r 表示斯格明子环的外半径,如图 3-10(c)中的箭头所示。当外半径为 r 时,$l_1=9,l_2=0$,以上数据分别代入式(3-18),并积分

$$Q=\int \frac{l_1-l_2}{4\pi r}\frac{\mathrm{d}S_z(r)}{\mathrm{d}r}\mathrm{d}\boldsymbol{r}=\int_0^{2\pi}\int_0^r \frac{l_1-l_2}{4\pi r}\frac{\mathrm{d}S_z(r)}{\mathrm{d}r}r\mathrm{d}\boldsymbol{r}$$

$$=\frac{l_1-l_2}{2}[S_z(r_2)-S_z(0)]=l_1-l_2=9 \tag{3-19}$$

巨斯格明子所携带的总的拓扑荷为 $Q=9$,所以在图 3-10(c)中内环的拓扑荷为 9。我们可以分析总结出:对于一个巨斯格明子,其携带的拓扑荷等于其所包围的区域内两分量环流量子数之差的绝对值。

本章小结

　　本章系统地研究了环形阱中含有 Rashba SOC 和 DDI 的 BECs 以及旋转的偶极 BECs 的基态结构和自旋纹理。分析了 DDI 和 SOC 的共同作用对系统基态性质的影响以及 DDI 和旋转的共同作用对系统基态结构的影响。

　　(1)本章给出了以 SOC 强度和 DDI 强度为变化参数的基态相图,相图表明 DDI 和 SOC 作为两个新的自由度,在决定系统的基态结构方面起着重要的作用。DDI 和 SOC 能够被精确调控预期的基态相,并且可用来操控不同基态相之间的相变。

(2)环形阱中含有 Rashba SOC 和 DDI 的 BECs 系统展现出奇特的拓扑结构和自旋纹理:半量子涡旋、涡旋串、涡旋项链、由巨涡旋和隐藏的反涡旋链组成的复杂涡旋晶格、不同类型的斯格明子、梅陇(半斯格明子)-反梅陇(半反斯格明子)项链以及复合梅陇-反梅陇晶格等。

(3)DDI 和旋转的共同作用能够产生巨涡旋,且随着排斥 DDI 或旋转频率的增大或者二者的共同增大,BECs 中巨涡旋包含的量子数也增加。该体系支持巨斯格明子激发,其携带的拓扑荷等于其所包围的区域内两分量环流量子数之差的绝对值。

(4)由于基态是稳定的,并且与系统其他的定态相比有更长的寿命,因此该系统的拓扑结构和自旋纹理预期能在将来的实验中被观察和检验。本章的发现促进了人们对冷原子气体的拓扑缺陷和自旋纹理等物理性质的新的认识。

第 4 章　旋转光晶格中两分量 Rashba-Dresselhaus 自旋轨道耦合 BECs 的拓扑激发

玻色凝聚体中,自旋轨道耦合和旋转的共同作用能够产生各种各样奇特的性质。近来,Radc 等人提出通过 BECs 的适当调控来产生旋转的自旋轨道耦合 BECs 的实验方案[137]。另一方面,一些小组研究了束缚于各种外势阱中 BECs 的性质,包括简谐阱[29,138,139]、环形阱[115,116]、共心双环势阱[104]、双阱[111,140-142]、一维的光晶格[143] 以及一维光晶格加双阱[144,145] 等。相关研究表明,外势的形状和维度对于 BECs 的基态和动力学都起着重要的作用。

本章研究了两维的光晶格和简谐势阱构成的组合势阱中旋转的两组分 Rashba-Dresselhaus(RD) 自旋轨道耦合的 BECs 的拓扑激发。事实上,两维的光晶格中超冷玻色气体已经引起了研究者的浓厚的兴趣。通过使用两对反向传播的正交极化的激光束能够形成光晶格[146,147]。早期的研究表明,由于光晶格的周期和深度的动态可调性,旋转的光晶格中的 BECs 能够产生许多有趣的现象[148,149],例如结构相变(structural phase transition)、畴壁的形成(domain formation)、涡旋钉扎(vortex pinning)。近期研究[150,151] 表明,自旋轨道耦合显著影响光晶格中自旋轨道耦合玻色气体的超流体(superfluid)到莫特绝缘体(Mott insulator)相变,并且能产生奇特的磁相,如螺旋相(spiral phase)和斯格明子晶体(skyrmion crystals)。本章考察了两维的各向同性 RD 自旋轨道耦合(RD-SOC)、两维的各向异性 RD-SOC、一维的各向异性 RD-SOC 以及旋转频率如何影响 BECs 的基态结构和自旋纹理。

4.1　理论模型

对于囚禁于两维光晶格和简谐势阱构成的组合势阱中旋转的 RD 自旋轨道耦合的自旋-1/2 的 BECs,系统的哈密顿可以表示为[152]

$$\hat{H} =$$

$$\int dx\,dy\,\hat{\psi}^{\dagger}\left[-\frac{\hbar^2}{2m}\nabla^2 + V(x,y) - \Omega L_z + v_{so} + \frac{g_1}{2}\hat{n}_1^2 + \frac{g_2}{2}\hat{n}_2^2 + g_{12}\hat{n}_1\hat{n}_2\right]\hat{\psi}$$

$$(4-1)$$

式中,$\hat{\psi} = [\hat{\psi}_1(r), \hat{\psi}_2(r)]$ 表示旋量玻色场算符,其中 1 和 2 分别表示自旋向上和自旋向下。$\hat{n}_1 = \hat{\psi}_1^{\dagger}\hat{\psi}_1$ 和 $\hat{n}_2 = \hat{\psi}_2^{\dagger}\hat{\psi}_2$ 分别是自旋向上和自旋向下的密度算符。$g_j = \frac{4\pi a_j\hbar^2}{m_j}(j=1,2)$ 和 $g_{12} = \frac{2\pi a_{12}\hbar^2}{m}$ 分别代表种内和种间的相互作用,a_j 和 a_{12} 分别是种间和种内 s 波的散射长度,m 是原子质量。文中我们假定 $g_1 = g_2 = g$,RD 自旋轨道耦合用 $v_{so} = -i\hbar(k_x\hat{\sigma}_x\partial_x + k_y\hat{\sigma}_y\partial_y)$ 来表示[153],式中 $\hat{\sigma}_x$ 和 $\hat{\sigma}_y$ 是泡利矩阵,且 k_x 和 k_y 分别代表 x 方向和 y 方向的自旋轨道耦合强度,Ω 是沿着 z 方向的旋转频率,$L_z = -i\hbar(x\partial_y - y\partial_x)$。两维的光晶格和简谐势阱构成的组合势阱可以表示为[148,154-156]

$$V(x,y) = V_0\left[\sin^2\left(\frac{2\pi x}{\lambda}\right) + sin^2\left(\frac{2\pi y}{\lambda}\right)\right] + \frac{1}{2}m\omega_{\perp}^2(x^2 + y^2)$$

$$(4-2)$$

式中,V_0 为光晶格的深度,其能被逆向反射激光束的强度控制,λ 是逆向反射激光束的波长,$\omega_{\perp}$ 是径向阱的频率。基于平均场理论,系统的 GP 方程的能量泛函表示为

$$E = \int dx\,dy\left[\psi_1^*\left(-\frac{\hbar^2}{2m}\nabla^2 + V\right)\psi_1 + \psi_2^*\left(-\frac{\hbar^2}{2m}\nabla^2 + V\right)\psi_2 - \Omega\psi_1^* L_z\psi_1\right.$$

$$-\Omega\psi_2^* L_z\psi_2 + \psi_1^*\hbar(-ik_x\partial_x - k_y\partial_y)\psi_2 + \psi_2^*\hbar(-ik_x\partial_x + k_y\partial_y)\psi_1$$

$$\left.+\frac{g}{2}(|\psi_1|^4 + |\psi_2|^4) + g_{12}|\psi_1|^2|\psi_2|^2\right]$$

$$(4-3)$$

在计算中,采用以下参数变换是比较方便的:$\tilde{x} = x/a_0, \tilde{y} = y/a_0,$

$\tilde{t} = \omega_{\perp} t, \tilde{V}(x, y) = V(x, y)/\hbar\omega_{\perp}, \tilde{\Omega} = \Omega/\omega_{\perp}, \beta = gN/\hbar\omega_{\perp}a_0^2, \beta_{12} = g_{12}N/\hbar\omega_{\perp}a_0^2, \tilde{k}_q = k_q/\omega_{\perp}a_0 \, (q = x, y), \hat{\psi}_j = \psi_j a_0/\sqrt{N} \, (j = 1, 2)$，其中 $a_0 = \sqrt{\hbar/m\omega_{\perp}}$ 是简谐阱的特征长度。$N = \int(|\psi_1|^2 + |\psi|^2)\mathrm{d}x\,\mathrm{d}y$ 是原子的数量。通过变分法，得到无量纲化的耦合的两维的 GP 方程组

$$\mathrm{i}\partial_t\psi_1 = \left[-\frac{1}{2}\nabla^2 + V + \beta|\psi_1|^2 + \beta_{12}|\psi_2|^2 - \mathrm{i}\Omega(y\partial_x - x\partial_y)\right]\psi_1 +$$
$$(-\mathrm{i}k_x\partial_x - k_y\partial_y)\psi_2$$

$$\mathrm{i}\partial_t\psi_2 = \left[-\frac{1}{2}\nabla^2 + V + \beta|\psi_2|^2 + \beta_{12}|\psi_1|^2 - \mathrm{i}\Omega(y\partial_x - x\partial_y)\right]\psi_2 +$$
$$(-\mathrm{i}k_x\partial_x + k_y\partial_y)\psi_1 \tag{4-4}$$

其中，为了简便起见，省去了波浪号，无量纲的外势可以表示为

$$V = V_0\left[\sin^2(ax) + \sin^2(ay)\right] + \frac{1}{2}(x^2 + y^2) \tag{4-5}$$

自旋密度矢量 S 表示为[29,77]

$$S_x = 2|\chi_1||\chi_2|\cos(\theta_1 - \theta_2) \tag{4-6}$$
$$S_y = -2|\chi_1||\chi_2|\sin(\theta_1 - \theta_2) \tag{4-7}$$
$$S_z = |\chi_1|^2 - |\chi_2|^2 \tag{4-8}$$

其中，$\theta_j = (j = 1, 2)$ 是波函数 ψ_j 的相位差值。

4.2　结果分析与讨论

本章研究了两维的光晶格和简谐势阱构成的组合势阱中各向同性两维 RD-SOC、各向异性两维 RD-SOC 以及一维 RD-SOC 对 BECs 系统基态结构的影响。计算中，采用基于 Peaceman-Rachford 的虚时传播法[129,157]，在数值上求解了方程组(4-4)，且获得系统的基态结构。光晶格的参数取值 $V_0 = 70$ 和 $a = 4$，设定种内和种间的相互作用都为排斥的，为了方便讨论，当满足 $\beta^2 < \beta_{12}^2 \, (\beta^2 > \beta_{12}^2)$ 时，我们简称其为初始相分离(初始相混合)。

4.2.1 二维各向同性 RD 自旋轨道耦合的 BECs 的基态结构和自旋纹理

首先讨论了光晶格和简谐势阱构成的组合势阱中无旋转的情形下,各向同性两维 RD 自旋轨道耦合对自旋-1/2BECs 基态结构的影响。对于非旋转的简谐阱中自旋轨道耦合自旋-1/2BECs,相关文献[21-23,158,159]表明,体系支持两个典型的量子相:平面波相即托马斯-费米相(Thomas-Fermi phase)和条纹相,主要取决于非线性相互作用。图 4-1 给出了非旋转的光晶格加简谐阱构成的组合阱中自旋-1/2BECs 中以自旋轨道耦合强度 $k(k_x=k_y=k)$ 和种内相互作用 β_{12} 为变化参数的基态相图,根据其密度和相位分布共分为六个不同的量子相,分别用 A-F 表示,在以下的讨论中将详细地描述每一个量子相。图 4-1 中的 B-F 量子相的密度分布和相位分布分别如图 4-2(a)～(e)所示,图 4-2 前三列相互作用参数是 $\beta=200,\beta_{12}=50$,后两列相互作用参数是 $\beta=200,\beta_{12}=300$,两维的 RD 自旋轨道耦合强度为 $k_x=k_y=0.5(a,d)$,$k_x=k_y=1.5(b)$,$k_x=k_y=5(c)$,$k_x=k_y=2.5(e)$,奇数和偶数行分别表示组分 1 和组分 2。我们最初考虑 RD 自旋轨道耦合足够弱的情况,其如图 4-1 的黄色区域 A 所示,该量子相是周期性调制的托马斯费米相,由于非常弱的 RD 自旋轨道耦合作用,没有涡旋产生(为了简单化,文中没有给出该区域密度和相位分布)。在相对弱的 RD 自旋轨道耦合作用下,对于 $\beta_{12}<200$ 系统产生 B 量子相,对于 $\beta_{12}>200$ 系统用 E 量子相来表示,其基态结构分别如图 4-2(a)和 4-2(d)所示。对于较弱的自旋轨道耦合,初始相混合的 BECs 和初始相分离的 BECs 的密度分布和相位分布呈现出明显的不同。图 4-2(a)中系统的基态展示出明显的相混合,其中在每组分的边缘有几个鬼涡旋(ghost vortex)产生[图 4-2(a)下面两行],其不携带角动量[108,111,112]。众所周知,冷原子物理中有三种基本类型的涡旋:显涡旋、鬼涡旋和隐藏涡旋(hidden vortex)。显涡旋是在密度分布和相位分布中都可以看到的普通的量子化涡旋,显涡旋携带角动量[133]。鬼涡旋在相位分布中作为一个相奇异点出现但在密度分布中没有显涡旋核,其不携带角动量[122]。鬼涡旋可以通过两团 BECs 的干涉来检测,如果至少其中有一团 BEC 包含鬼涡。和鬼涡旋类似,隐藏涡旋作为相缺陷在密度分布中看不到,但其携带显著的角动量。只有包含了隐藏涡旋,费曼法(Feynman rule)则才能得以成立[108,111],并且这些隐涡旋可以利用自由膨胀的方法观测到。如图 4-2(d)中两组分的密度呈现明显的相分离,其中每组分的拓扑缺陷由交替排列的涡旋和反涡旋形成的方形涡旋-反涡旋晶格组成。

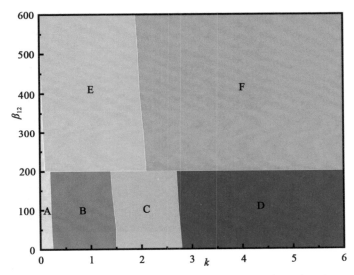

图 4-1　非旋转的自旋-1/2BECs 中以自旋轨道耦合强度 k($k_x = k_y = k$)和种内相互作用 β_{12} 为变化参数的基态相图。其中种间相互作用 $\beta = 200$。这里有六个典型的量子相分别用 A-F 表示

　　对于初始相混合的 BECs,随着各向同性两维 RD 自旋轨道耦合强度的增加,C 相作为系统的基态相出现,如图 4-1 中的浅蓝色区域所示。该量子相典型的基态密度分布在图 4-1(b)中给出,发现系统的基态密度和图 4-2(a)是相似的,但从相位分布看鬼涡旋消失,显涡旋出现[图 4-2(b)的三,四行]。发生以上现象的主要原因是增加的自旋轨道耦合为 BECs系统提供了更多的能量和角动量。随着自旋轨道耦合强度的增加,D 量子相出现,如图 4-1 的深蓝色区域所示。D 量子相对应的密度分布和相位分布如图 4-2(c)所示,其相位由涡旋和反涡旋交替排列形成的二维的涡旋-反涡旋链组成。对于初始相分离的 BECs,随着各向同性两维 RD自旋轨道耦合强度的增加,图 4-1 中的 E 量子相转化成 F 量子相,其典

型的密度分布和相位分布如 4-2(e)所示,两组分密度保持相分离状态[图 4-2(e)上面两行],其拓扑缺陷转变成由涡旋和反涡旋交替排列的涡旋-反涡旋环[图 4-2(e)下面两行]。

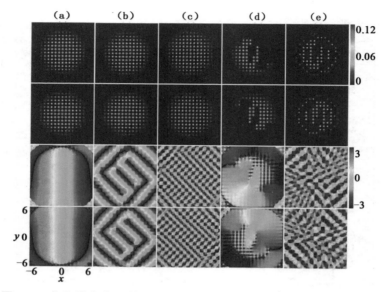

图 4-2　非旋转各向同性两维 RD 自旋轨道耦合的自旋-1/2BECs 基态结构的密度分布(前两行)和相位分布(后两行),(a)$k_x = k_y = 0.5$,(b)$k_x = k_y = 2$,(c)$k_x = k_y = 5$,(d)$k_x = k_y = 0.5$,(e)$k_x = k_y = 2.5$。相互作用参数是(a)～(c)为 $\beta = 200$,$\beta_{12} = 50$,(d)～(e)为 $\beta = 200$,$\beta_{12} = 300$。奇数行和偶数行分别表示组分 1 和组分 2,单位长度为 a_0

图 4-3 自旋密度对应的基态结构如图 4-2(c)所示。在赝自旋表示中,红色区域表示 1(自旋向上),蓝色区域表示 -1(自旋向下)。从图中我们可以观察到自旋密度 S_x、S_y 和 S_z 三分量中心成晶格周期性分布的,其是由图 4-2(c)的凝聚体周期性相位分布决定的。自旋密度三分量原子云的外区域有一些不同于原子云内部晶格形状的分布,但其也呈局部的周期性分布结构,其是由图 4-2(c)原子云外的鬼涡旋产生的。

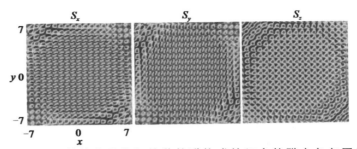

图 4-3　非旋转的光晶格加简谐势阱构成的组合势阱中各向同性
两维 RD 自旋轨道耦合自旋-1/2BECs 的自旋密度。其中 $\beta=200$, β_{12}
$=50$ 和 $k_x=k_y=5$，从左到右分别表示自旋密度矢量的三分量 S_x,
S_y 和 S_z，其对应的基态结构如图 4-2(c)所示

　　目前的体系不仅支持与 BECs 空间自由度有关的线状的涡旋激发，同时也支持与自旋自由度有关的点状的拓扑激发(斯格明子激发)。斯格明子可看作是局部自旋的翻转，其在量子霍尔系统(quantum Hall system)，液晶(liquid crystals)，螺旋铁磁体(helical ferromagnets)，液体[3]He-A 等凝聚态系统中被观察到[68,70,72]。在两组分的凝聚体中，非奇异的斯格明子是与 Mermion-Ho 无核涡旋有关的。同时，自旋轨道耦合和旋转的共同作用能产生各种涡旋晶格，包括环形的斯格明子、双曲型斯格明子和梅陇对(meron-pair)等。在本章中，存在不同于旋转的自旋轨道耦合的简谐阱中基本斯格明子的其他类型的斯格明子。

　　图 4-4(a)和图 4-4(b)分别是拓扑密度和自旋纹理，图 4-4(c)～(d)是图 4-4(b)的自旋纹理的局部放大，其基态结构和三个方向的自旋密度分别如图 4-2(c)和图 4-3 所示。在图 4-4(b)～(d)中，蓝色点表示半反斯格明子(反梅陇)，其局部携带的拓扑荷 $Q=-0.5$，红色点表示半斯格明子(梅陇)其局部携带的拓扑荷 $Q=0.5$。这些半斯格明子和半反斯格明子交替出现构成周期性的半斯格明子-半反斯格明子晶格，以上的结构就目前而言没有研究过。此外，一些拓扑荷为 $Q=1$ 的斯格明子和拓扑荷为 $Q=-1$ 的反斯格明子分布在周期性半斯格明子和半反斯格明子构成的周期性晶格的外部，即凝聚体原子云的外部，图 4-5(a)和图 4-5(b)分别给出原子云外自旋纹理的局部放大图。图 4-5(a)描述了拓扑荷 $Q=-1$ 的顺时针方向的环状反斯格明子(clockwise circular-antiskyrmion)，图 4-5(b)描述了拓扑荷 $Q=1$ 的逆时针方向的环状的斯格明子(anticlockwise circular-skyrmion)。图 4-2(c)整个的自旋纹理就是

由 4-5(a)和 4-5(b)包围图 4-4(c)和图 4-4(d)组成的。

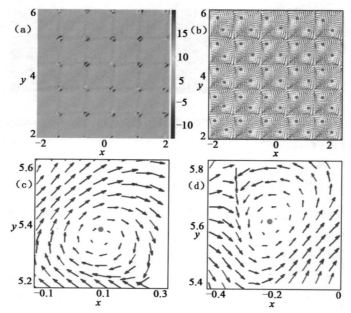

图 4-4 非旋转的光晶格加简谐势阱构成的组合势阱中各向同性两维 RD 自旋轨道耦合自旋-1/2BECs 的拓扑荷密度和自旋纹理。(a)拓扑荷密度,(b)对应(a)的自旋纹理,(c)～(d)对应自旋纹理的局部放大。红色点表示半斯格明子,绿色点表示半反斯格明子,其基态结构如图 4-2(c)所示

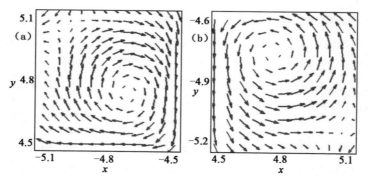

图 4-5 非旋转的光晶格加简谐势阱构成的组合势阱中各向同性两维 RD 自旋轨道耦合旋转的赝自旋-1/2BECs 的自旋纹理。(a)～(b)原子云外自旋纹理的局部放大,其基态结构如图 4-2(c)所示

　　我们给出了以旋转频率 Ω 和自旋轨道耦合强度 k 为变化参数的基态相图,即图 4-6。对于束缚于旋转的简谐阱中自旋轨道耦合自旋-1/2BECs,以前的研究结果\supercite{Xu2011,Aftalion2013}表明,旋转频率、自旋轨道耦合强度和粒子种内相互作用三者的相互影响能产生各种基态相,如半量子涡旋、巨涡旋、三角涡旋晶格的环状结构等。对于目前的系统,根据其不同的密度分布和相位分布,共有七个不同的量子相,依次用 A～G 表示。在以下的讨论中,对每一个量子相进行描述和分析。对于旋转频率和自旋轨道耦合强度足够小的情形,如图 4-6 黄色区域 A 所示,该量子相是周期性调制的托马斯-费米相,其中两组分中都没有涡旋产生,其和图 4-1 中区域 A 是一样的。相图 4-6 中的 B、C、D 区域量子相对应的密度和相位分别与图 4-2 中的(a)、(b)、(c)的密度和相位是相似的。同时,图 4-6 中 E～G 量子相对应的密度和相位分别如图 4-11(a)和图 4-7(a)、图 4-7(b)所示。

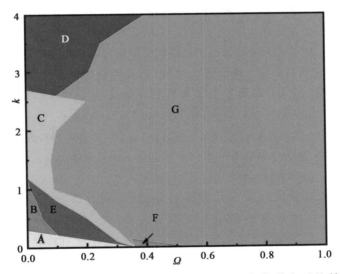

图 4-6　旋转的光晶格加简谐势阱构成的组合势阱中以旋转频率 Ω 和各向同性两维自旋轨道耦合强度 k 为变化参数的基态相图。其中相互作用为 $\beta = 300, \beta_{12} = 200$。这里有七个不同的量子相分别用 A～G 表示

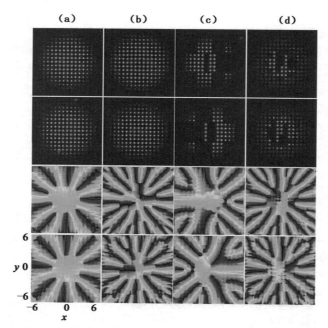

图 4-7　旋转的光晶格加简谐势阱构成的组合势阱中旋转的各向同性两维 RD 自旋轨道耦合自旋-1/2BECs 基态结构的密度分布（前两行）和相位分布（后两行），其旋转频率固定为 $\Omega = 0.5$，(a) $k_x = k_y = 0$，(b) $k_x = k_y = 1$，(c) $k_x = k_y = 0$，(d) $k_x = k_y = 1$。相互作用参数是 (a)～(b) 为 $\beta = 300$，$\beta_{12} = 200$，(c)～(d) 为 $\beta = 200$，$\beta_{12} = 300$。奇数行和偶数行分别表示组分 1 和组分 2，单位长度为 a_0

　　对于较大的旋转频率且弱的自旋轨道耦合，系统出现涡旋环，如图 4-6 红色区域 F 表示，其主要结果如图 4-7(a) 所示，图 4-7 中我们研究了固定的旋转频率 $\Omega = 0.5$ 时，各向同性两维 RD 自旋轨道耦合对系统基态结构的影响。对于初始相混合的 BECs，无自旋轨道耦合即 $k_x = k_y = 0$ 的情形下，两个组分中都有涡旋环形成且密度分布是完全相同的 [图 4-7(a)]，即 F 相出现。当自旋轨道耦合作用增强时，如图 4-6 所示 F 相转换为 G 相，其典型的基态结构为两组分中有更多的涡旋出现，且这些涡旋形成一个三角涡旋晶格，同时一些涡旋进入外阱的中心区域 [图 4-7(b)]。G 区域占据了图 4-6 的大部分区域。但是对于初始相分离的 BECs，无自旋轨道耦合情形下，两组分密度是完全分离的且涡旋形成不规则的涡旋簇[图 4-7(c)]。随着自旋轨道耦合强度的增加到 $k_x = k_y = 1$ 时,最初相分离的两组分发生空间结构的变化,呈现出部分的相混合,并且每组分中的涡旋和涡旋-反涡旋对组成复合的拓扑结构[图 4-7(d)],以上的现象主要是由于排斥的原子间的相互作用,RD 自旋轨道耦合、旋转和光晶格共同的作用引起的。

　　接下来我们讨论相对小的旋转频率和弱的自旋轨道耦合的情形,在该情形下,系统出现 E 量子相,如图 4-6 的红色区域所示。该量子相典型的密度和相位分布如图 4-11(a)所示,其基态是半量子涡旋结构,其特点是一组分里有一个涡旋,另一组分里面没有涡旋[图 4-11(a)的第三和第四列]。

　　图 4-8(a)是拓扑荷密度,图 4-8(b)~(d)和图 4-9(a)~(d)是对应图 4-8(a)的自旋纹理的所有典型的局部的放大,其基态结构如图 4-7(a)所示,通过计算表明图 4-8(b)自旋纹理所携带拓扑荷是 $Q = 1$,其拓扑缺陷是一个环形-双曲型斯格明子。图 4-8(c)~(d)自旋纹理所携带拓扑荷接近 $Q = 1$,根据其拓扑缺陷的结构特点我们把它们称为环形-双曲斯格明子。图 4-9(a)和图 4-9(b)局部的拓扑荷近似等于 $Q = 0.5$,但其形状是有区别的,分别把它们叫作双曲半斯格明子和环形斯格明子。图 4-9(c)~(d)局部的拓扑荷等于 $Q = 1$,图 4-9(c)和(d)的拓扑缺陷分别是双曲型-放射(向外)的斯格明子(hyperbolic-radial (out)skyrmion)和双曲-放射(向里)的斯格明子(hyperbolic-radial(in)skyrmion)。因此,图 4-8(a)对应的自旋纹理是由环形-双曲斯格明子,双曲型-放射(向外)的斯格明子,环形半斯格明子和双曲型半斯格明子组成的复合斯格明子-半斯格明子晶格,也叫作复合斯格明子-梅陇晶格。以上有趣的结构是由光晶格、旋转和 RD 自旋轨道耦合以及种内原子相互作用共同产生的。

　　图 4-10(a)呈现了在参数 $\beta = 300, \beta_{12} = 200, k_x = k_y = 1$ 和 $\Omega = 0.5$ 下的拓扑荷密度分布,其对应的基态结构如图 4-7(b)所示。其局部的自旋纹理如图 4-10(b)~(d)所示,通过计算结果表明,图 4-10(b)中的两个局部的拓扑缺陷是由两个环形梅陇组成的梅陇对,这两个局部拓扑缺陷的拓扑荷都是 $Q = 0.5$。同时,中心的梅陇对被一些其他的自旋缺陷包围(考虑到文章的有限的分辨率和简洁度,自旋纹理没有全部给出)。通过计算表明,梅陇对外层的每个自旋缺陷[图 4-10(c)和图 4-10(d)]的局部的拓扑荷是 $Q = 0.5$,其意味着外层的自旋缺陷是梅陇。因此环形

的梅陇对和梅陇共同形成了复合梅陇晶格，上述的拓扑结构在以前的文献中并没有报道过。物理上，这些复杂拓扑结构的反对称性（复杂的梅陇晶格）是由 RD 自旋轨道耦合存在的系统中 SU(2) 对称性的破坏引起的。图 4-8、图 4-9、图 4-10 中提到的这种有趣的自旋纹理结构能在将来的冷原子实验中测试和观察到。

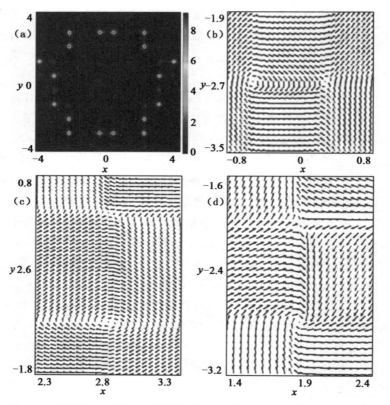

图 4-8　旋转的光晶格加简谐势阱构成的组合势阱中各向同性两维 RD 自旋轨道耦合 BECs 的拓扑荷密度和自旋纹理。（a）拓扑荷密度，（b）～（d）对应（a）自旋纹理的局部放大。参数为 $\beta=300$，$\beta_{12}=200$，$k_x=k_y=0$ 和 $\Omega=0.5$，其对应的基态结构如 4-7（a）所示，单位长度为 a_0

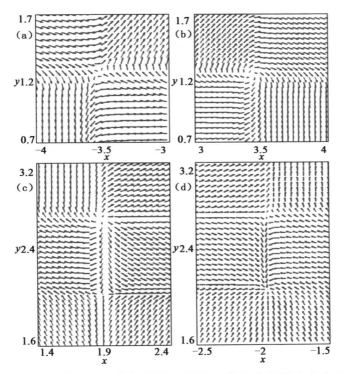

图 4-9 旋转的光晶格加简谐势阱构成的组合势阱中各向同性两维 RD 自旋轨道耦合 BECs 的拓扑荷密度和自旋纹理。(a)~(d) 对应图 4-8(a) 自旋纹理的局部放大。参数为 $\beta = 300, \beta_{12} = 200, k_x = k_y = 0$ 和 $\Omega = 0.5$,其对应的基态结构如图 4-7(a) 所示,单位长度 a_0。

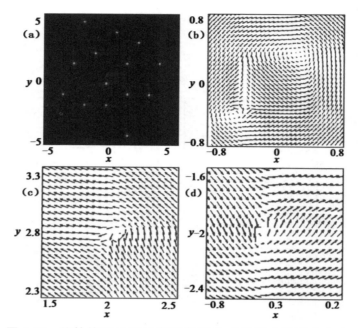

图 4-10　旋转的光晶格加简谐势阱构成的组合势阱中各向同性两维 RD 自旋轨道耦合 BECs 的拓扑荷密度和自旋纹理。(a)拓扑荷密度,(b)～(d)局部放大的自旋纹理。参数为 $\beta = 300, \beta_{12} = 200, k_x = k_y = 1$ 和 $\Omega = 0.5$,其对应的基态结构如图 4-7(b)所示,单位长度为 a_0。

　　最后,来研究 RD 自旋轨道耦合、旋转和原子间相互作用三者组合效应对系统基态结构的影响。图 4-11 表示光晶格加简谐阱的组合阱中自旋-1/2BECs 基态结构的密度分布和相位分布,其中固定自旋轨道耦合强度 $k_x = k_y = 0.5$, (a)$\beta = 300, \beta_{12} = 200$ 和 $\Omega = 0.1$, (b)$\beta = 300$, $\beta_{12} = 200$ 和 $\Omega = 0.8$, (c)$\beta = 200, \beta_{12} = 300$ 和 $\Omega = 0.3$, (d)$\beta = 200, \beta_{12} = 300$ 和 $\Omega = 0.8$。从左到右列分别表示 $|\psi_1|^2, |\psi_2|^2, \theta_1, \theta_2, |\psi_1|^2 - |\psi_2|^2$, $|\psi_1|^2 + |\psi_2|^2$。

　　对于初始相混合 BECs,当旋转频率从 0 开始增加,原子云外部的鬼涡旋进入凝聚体转换成显涡旋,随着旋转频率的增大,逐渐形成三角涡旋晶格[如图 4-2(a)、图 4-11(a)和图 4-11(b)所示],且在旋转的体系中,系统的能量达到平衡。对于初始相分离 BECs,旋转频率的增大导致体系的拓扑结构相变,从方形涡旋晶格转变成不规则的三角涡旋晶格,以及两组分 BECs 的空间结构变化,系统由初始相分离演变成相混合。整个过程由图 4-2(d)、图 4-11(c)、4-11(d)表明,以上的现象完全不同于旋转的两组分 BECs 的预言的结果[29,41-43,138]。此外,我们发现旋转频率越大,凝聚体组分的密度膨胀越明显。这一点是很好理解的。物理上,当旋转频率(自旋轨道耦合和其他参数不变时)增加时,给系统提供了更多的角动量和能量,对于初始相分离 BECs 和初始相混合 BECs 都有更多涡旋产生和原子云的膨胀。

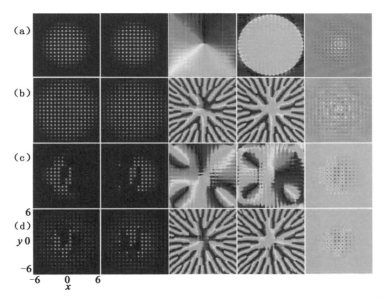

图 4-11　光晶格加简谐阱组合阱中各向同性两维 RD 自旋轨道耦合 BECs 在不同旋转频率下的基态结构。其中 $k_x = k_y = 0.5$,(a)$\Omega = 0.1$,(b)$\Omega = 0.8$,(c)$\Omega = 0.1$,(d)$\Omega = 0.3$。(a)~(b)中有效的相互作用参数是 $\beta = 300$, $\beta_{12} = 200$,(c)~(d)中有效的相互作用参数是 $\beta = 200$, $\beta_{12} = 300$。纵列(从左到右)分别表示:$|\psi_1|^2$,$|\psi_2|^2$, θ_1, θ_2, $|\psi_1|^2 - |\psi_2|^2$,$|\psi_1|^2 + |\psi_2|^2$,x 和 y 的水平和竖直坐标分别以 a_0 为单位长度

4.2.2 二维各向异性 RD 自旋轨道耦合的 BECs 的基态结构和自旋纹理

下面来讨论无旋转频率情形下,各向异性两维 RD 自旋轨道耦合对系统基态结构的影响。图 4-12(a)中,$k_x=0.5$,$k_y=0.1$,图 4-12(b)中,$k_x=0.5$,$k_y=4$,图 4-12(c)中,$k_x=0.5$,$k_y=0.1$,图 4-12(d)中,$k_x=0.5$,$k_y=2.5$,相互作用参数(a)~(b)为 $\beta=300$,$\beta_{12}=200$,(c)~(d)为 $\beta=200$,$\beta_{12}=300$。前两行是密度分布,后两行是对应的相位分布。其中奇数行是组分 1,偶数行是组分 2。由图 4-12 前两列可知,对于初始相混合 BECs,固定 x 方向自旋轨道耦合而增加 y 方向的自旋轨道耦合强度,

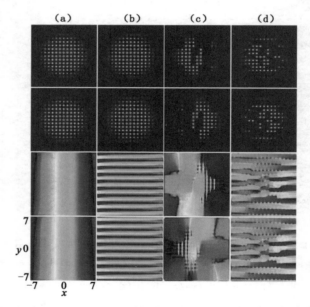

图 4-12 非旋转的光晶格加简谐势阱构成的组合势阱中各向异性两维 RD 自旋轨道耦合 BECs 基态结构的密度分布(前两行)和相位分布(后两行),(a)$k_x=0.5$,$k_y=0.1$,(b)$k_x=0.5$,$k_y=4$,(c)$k_x=0.5$,$k_y=0.1$,(d)$k_x=0.5$,$k_y=2.5$,相互作用参数是(a)~(b)为 $\beta=300$,$\beta_{12}=200$,(c)~(d)为 $\beta=200$,$\beta_{12}=300$。奇数行和偶数行分别表示组分 1 和组分 2,单位长度为 a_0

始终呈托马斯-费米相,没有涡旋产生。而对于初始相分离 BECs,固定 x 方向自旋轨道耦合而增加 y 方向的自旋轨道耦合强度,相位中的方形涡旋晶格转变成横向(x)方向的密集条纹相且平面条纹相上始终有涡旋-反涡旋链分布。反之,无论对初始相混合或者初始相分离 BECs,固定 y 方向自旋轨道耦合而增加 x 方向的自旋轨道耦合强度,其变化趋势是一样的,唯一的不同点是条纹相沿着纵向(y)方向。

　　图 4-13 是对应的基态结构如图 4-12(b)的自旋纹理。众所周知对于非旋转和非自旋轨道耦合两组分 BECs 系统,自旋畴壁是典型的耐尔 Neel 畴壁,该畴壁中自旋仅仅沿着畴壁的垂直方向翻转。但是 4-12(b)基态对应的 x 方向和 y 方向的自旋轨道耦合都不为 0,但其自旋方向仅沿一个方向。以上现象由于光晶格加简谐阱组合阱中,对于最初相混合的 BECs,各向异性两维的自旋轨道耦合没有产生涡旋,如图 4-12(b)的后两列所示。

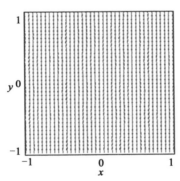

图 4-13　自旋纹理,其对应的基态结构如图 4-12(b)所示

　　图 4-14 呈现了自旋轨道耦合强度分别为 $k_x = 0.5$,$k_y = 3$,旋转频率为 $\Omega = 0.5$,种间相互作用为 $\beta = 200$,种内相互作用为 $\beta_{12} = 300$ 时系统的密度分布和相位分布。图中第一行分别表示 $|\psi_1|^2$,$|\psi_2|^2$,第二行是对应的 θ_1,θ_2。尽管两组分是满足最初相分离 BECs,由图 4-14 第一行可知,两组分呈相混合状态,且呈椭圆形。由图 4-12 第二行相位分布可以看出,两组分中分别有一串涡旋链完全沿着 $x = 0$ 轴均匀分布且横穿凝聚体,在 $x = 0$ 轴的两边分别非对称的分布着四个涡旋。对于最初相混合 BECs,所有参数和图 4-12 相同的情形下,其基态分布和图 4-12 是类似的。

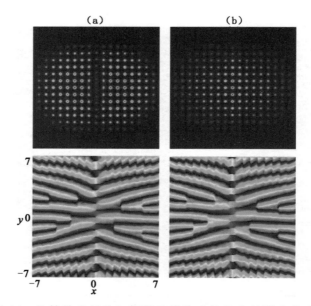

图 4-14　旋转的光晶格加简谐势阱构成的组合势阱中各向异性两维 RD 自旋轨道耦合 BECs 的基态结构。其中 $k_x = 0.5$，$k_y = 0.1$，$\Omega = 0.5$，相互作用参数为 $\beta = 200$，$\beta_{12} = 300$，第一列和第二列分别为组分 1 和组分 2，第一行为两组分的密度，第二行为两组分的相位，单位长度为 a_0。

　　图 4-15 从左到右依次表示自旋密度矢量的三个分量 S_x、S_y、S_z，其对应的密度和相位分布分别如图 4-14 所示。在自旋表象中，S_z 的蓝色区域表示自旋向下（$S_z = -1$），红色区域表示自旋向上（$S_z = 1$）。通过观察我们发现对于三个自旋分量 S_x、S_y、S_z 的 $x = 0$ 轴的方向上，蓝色小条纹和红色小条纹分布非常的均匀和有规则性，呈周期性分布，这是由于两组分中沿 $x = 0$ 轴的涡旋均匀的规则的排列在一条直线上，如图 4-12 第二列所示。

　　图 4-16 中（a）和（b）分别是拓扑荷密度和对应的自旋纹理，其参数分别为 $\beta = 200$，$\beta_{12} = 300$，$k_x = 0.5$，$k_y = 0.3$，$\Omega = 0.5$，图 4-14（c）是对应图 4-14（a）的局部的拓扑荷密度，图 4-14（d）是对应图 4-14（c）的自旋纹理。其对应的基态结构和自旋纹理分别如图 4-14 和图 4-15 所示。通过计算结果表明，图 4-14（d）局部的拓扑荷 $Q = 1$，意味着该拓扑缺陷是双

曲型斯格明子,且图 4-14(b)中的拓扑荷是 $Q=8$。(考虑到文章的有限的分辨率和简洁度,图 4-14 自旋纹理没有全部给出)。由双曲型斯格明子整齐规则排列组成斯格明子链横穿凝聚体。其在以前的文献中并没有报道过。物理上,这些迷人拓扑结构的是由各向异性两维 RD-SOC、旋转以及光晶格组合效应产生的,以上提到的这种有趣的自旋纹理结构能在将来的冷原子实验中测试和观察到。

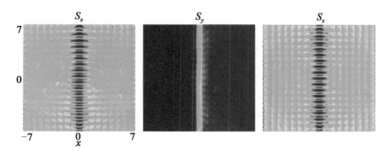

图 4-15　旋转的光晶格加简谐势阱构成的组合势阱中各向异性两维 RD 自旋轨道耦合 BECs 的自旋纹理。从左到右分别表示自旋密度矢量三分量 S_x,S_y 和 S_z,其对应的基态结构如图 4-14 所示

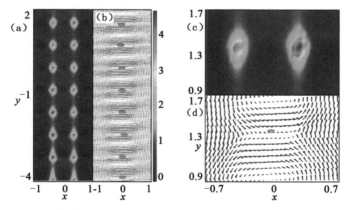

图 4-16　旋转的光晶格加简谐势阱构成的组合势阱中各向异性两维 RD 自旋轨道耦合 BECs 的拓扑荷密度和自旋纹理。(a)拓扑荷密度,(b)对应(a)的自旋纹理,(c)局部的拓扑荷,(d)对应(c)的自旋纹理。其对应的基态结构如图 4-14 所示,单位长度为 a_0

4.2.3　一维 RD 自旋轨道耦合的 BECs 的基态结构和自旋纹理

下面研究光晶格加简谐阱的组合阱中旋转的一维 RD-SOC BECs 基态结构。从图 4-17 可以看到，一维 RD-SOC 强度或者旋转频率越大，一维自旋轨道耦合效应越强。以一维 RD 自旋轨道耦合强度 $k_x=0$，$k_y=2$[图 4-17(c)～(d)]为例，目的是研究旋转频率对一维 RD 自旋轨道耦合的自旋-1/2BECs 基态结构的影响。图 4-17(c)～(d)给出了系统平衡态下旋转频率分别为 $\Omega=0.3$ 和 $\Omega=0.8$ 对基态结构的影响。对于较小旋转频率 $\Omega=0.3$ 的 BECs，由于一维自旋轨道耦合沿着 y 轴，两个组分里都有很接近于 $x=0$ 轴的一个明显看得见的涡旋串[图 4-17(c)的第三列和第四列]，其中两组分密度呈现出部分相混合和部分相分离状态。当旋转频率增加到 $\Omega=0.8$ 时，接近于 $x=0$ 轴和轴两侧有更多的涡旋被激发，且两组分除了 $x=0$ 轴上的其他部分显示出明显的相混合[如图 4-17(d)的第三列和第四列所示]。其物理机制是较大的旋转频率给系统提供了更多的能量和角动量。因此由于一维的自旋轨道耦合和旋转的共同作用在 $x=0$ 方向产生的涡旋链仅能承担有限的能量和角动量，剩余的能量和角动量需要由 $x=0$ 轴两边的涡旋来承担。

现在来考虑一维 RD 自旋轨道耦合对系统基态结构的影响。当旋转频率固定在 $\Omega=0.3$ 时，对比图 4-17(a)和图 4-17(c)，结果表明，较强的一维自旋轨道耦合能提高创造涡旋链的能力以及增强相混合的程度。相似的，对于沿着 $x=0$ 方向的一维的 RD 自旋轨道耦合，即 $k_y=0$，我们的模拟结果表明，密度调制（density modulation）沿着 $y=0$ 方向。对于 RD 自旋轨道耦合的系统，只要做一个统一的转换 $\sigma_x \rightarrow \sigma_y$ 和 $\sigma_y \rightarrow -\sigma_x$，且设置 k_x 或者 k_y，以上的现象能够得到且被解释。

拓扑缺陷能通过相位观察到，但为了更好地理解这些拓扑缺陷的性质，采用基于式 4-6 的赝自旋表象。我们绘出自旋密度矢量的三个分量 S_x、S_y 和 S_z，其中揭示了所有的自旋缺陷。对应图 4-17(a)～(d)的自旋密度分别如图 4-18(a)～(d)所示。按照式 4-6，可知自旋密度 S_z 与两组分的密度差有关，所以图 4-18 最后一行与图 4-17 的最后一列的趋势变化是一致的。S_x 和 S_y 沿着 x 方向和 y 方向既不遵守偶宇称分布也不遵守奇宇称分布。

为进一步比较,选择图 4-18(a)($k_y = 1, \Omega = 0.3$)和图 4-18(c)($k_y = 2$, $\Omega = 0.3$)为例,我们发现对于 $x > 0(x < 0)$的区域,S_y 随着 k_y 的增加变大(变小)。同样的,如图 4-18(c)和图 4-18(d)的第二行所示,我们看到对于 $x > 0(x < 0)$的区域,S_y 随着旋转频率 Ω 的增加接近 $1(-1)$。由此,我们得出自旋密度 S_y 由于 Ω 或 k_y 的增加,演变成两个明显的自旋区域,且在自旋区域的边界上形成一个自旋畴壁,如图 4-18 中排所示。以上的自旋纹理结果表明,该自旋畴壁的自旋不仅沿着畴壁的垂直方向(x 方向)翻转同时也沿着畴壁方向(y 方向)翻转,其表明该自旋畴壁是一个独特的 Bloch 畴壁而不是耐尔(Neel)畴壁。该畴壁是相分离的两组分的玻色凝聚体对外部的旋转或者 RD 自旋轨道耦合的产物。同时也反映了对旋转或者 RD 自旋轨道耦合对玻色凝聚体磁性的影响。

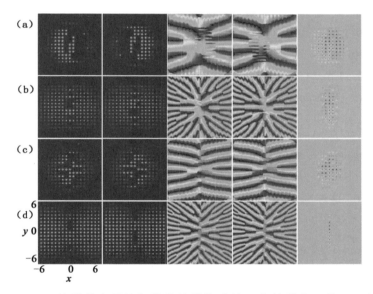

图 4-17　旋转的光晶格加简谐势阱构成的组合势阱中一维 RD 自旋轨道耦合 BECs 基态结构,其中 $\beta = 200, \beta_{12} = 300$。(a)$k_x = 0$, $k_y = 1$ 和 $\Omega = 0.3$,(b)$k_x = 0, k_y = 1$ 和 $\Omega = 0.8$,(c)$k_x = 0, k_y = 2$ 和 $\Omega = 0.3$,(d)$k_x = 0, k_y = 2$ 和 $\Omega = 0.8$。纵列从左到右分别表示 $|\psi_1|^2, |\psi_2|^2, \theta_1, \theta_2, |\psi_1|^2 - |\psi_2|^2$,$x$ 和 y 的水平和竖直坐标分别以 a_0 为单位长度

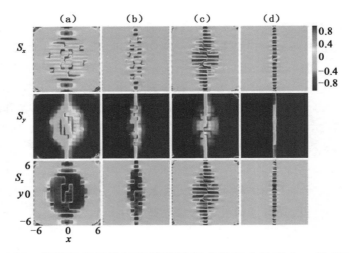

图 4-18 旋转的光晶格加简谐势阱构成的组合势阱中一维 RD 自旋轨道耦合 BECs 的自旋密度。其中 $\beta=200,\beta_{12}=300$。(a) $k_y=1$,$\Omega=0.3$ (b) $k_y=1$,$\Omega=0.8$ (c) $k_y=2$,$\Omega=0.3$ (d) $k_y=2$,$\Omega=0.8$。从上到下三行分别表示自旋密度矢量的三个分量 S_x,S_y 和 S_z,(a)～(d)对应的基态结构分别如图 4-17(a)～(d)所示

图 4-19(a)所示是拓扑荷密度,其基态结构对应图 4-17(b),其典型的局部的自旋纹理分别如图 4-19(b)～(e)所示。我们的计算结果表明图 4-19(b)～(c)局部的拓扑荷都是 $Q=1$,图 4-19(d)～(e)的拓扑荷是 $Q=0.5$。这样图 4-19(b)～(c)的自旋缺陷分别表示不规则的环形斯格明子和不规则的双曲型斯格明子[77,127]。同时,图 4-19(d)～(e)分别表示环形半斯格明子,双曲型半斯格明子。这些拓扑缺陷交替的出现在组成一个复合的斯格明子-半斯格明子晶格。此外,我们发现强的一维 RD 自旋轨道耦合的系统能产生横穿 BECs 的斯格明子链。图 4-20(a)给出了拓扑荷密度,其基态结构对应图 4-17(d),图 4-20(b)给出了对应的图 4-20(a)的自旋纹理,自旋文理的局部放大如图 4-20(c)所示。数值计算结果表明图 4-20(c)中的拓扑荷 $Q=1$,且图 4-19(b)中的拓扑荷是 $Q=5$。因此,该系统的自旋结构是由椭圆斯格明子组成的斯格明子链。该斯格明子链的结构完全不同于图 4-16 的双曲型斯格明链子。明显的,在目前系统中观察到的斯格明子结构是明显不同于旋转的两组分的凝聚体中报道过的斯格明子结构[29,41-43,77,127,138]。

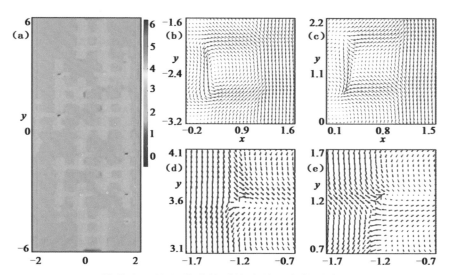

图 4-19　旋转的光晶格加简谐势阱构成的组合势阱中一维 RD 自旋
轨道耦合 BECs 的拓扑荷密度和自旋纹理。(a)拓扑荷密度,(b)～
(e)自旋纹理的局部放大,其基态结构如图\ref{figure4-17}(b)所示,
单位长度为 a_0

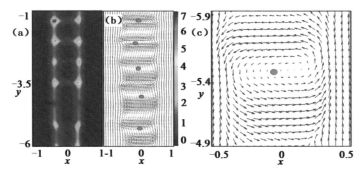

图 4-20　旋转的光晶格加简谐势阱构成的组合势阱中一维 RD 自
旋轨道耦合 BECs 的拓扑荷密度和自旋纹理。(a)拓扑荷密度,
(b)～(c)自旋纹理的局部放大,其基态结构如图\ref{figure4-17}
(d)所示,单位长度为 a_0

本章小结

本章建立了两维的光晶格和简谐势阱构成的组合势阱中旋转的两组分 RD 自旋轨道耦合的 BECs 基态的理论模型,并基于平均场理论对其耦合 GP 方程进行了数值求解,研究了系统的基态特性,并结合密度分布、相位分布、自旋纹理等研究了系统的拓扑激发,结果表明:

(1)无旋转情形下,对于初始相混合的 BECs,小的各向同性两维 RD 自旋轨道耦合能够产生鬼涡旋,鬼涡旋既不携带角动量也不携带能量。而对于初始相分离的 BECs,小的各向同性两维 RD 自旋轨道耦合能够导致矩形的涡旋-反涡旋晶格的形成。当各向同性两维 RD 自旋轨道耦合强度增大时,前者有显涡旋或者两维的涡旋-反涡旋链形成,对于后者,矩形涡旋-反涡旋晶格演化成涡旋-反涡旋环。

(2)对于初始相分离的 BECs,固定旋转频率的情形下,各向同性 RD 自旋轨道耦合的增加,两组分的涡旋环转换成不规则的三角涡旋晶格,同时多种半斯格明子和斯格明子产生,包括环形的半斯格明子、双曲型的半斯格明、环形-双曲型的斯格明子、环形-放射向外的斯格明子、环形-放射向里的斯格明子等。

(3)对于初始相混合的 BECs,固定各向同性 RD 自旋轨道耦合情形下,旋转频率的增加使两组分中的鬼涡旋环转换成半量子化涡旋,进而转换成不规则的三角涡旋晶格。对于初始相分离的 BECs,固定各向同性 RD 自旋轨道耦合情形下,旋转频率的增加能导致体系的拓扑相变,从方形涡旋晶格转变成不规则的三角涡旋晶格,以及两组分 BECs 的空间结构变化,系统由初始相分离演变成相混合,初始相混合的 BECs 和初始相分离的 BECs 原子云都发生膨胀。

(4)对于初始相分离的 BECs,分析了一维 RD 自旋轨道耦合和旋转的组合效应对系统基态的涡旋结构和自旋纹理的影响。当一维 RD 自旋轨道耦合强度的增大,旋转频率的增大或者两者同时增大时,系统将形成涡旋链和相混合。当一维的 RD 自旋轨道耦合强度大于某个关键值时,旋转的增加能使原子云沿着轴线分成两部分,同时椭圆的斯格明子链横穿玻色凝聚体。

（5）系统支持新颖的自旋纹理和斯格明子结构,包括奇特的斯格明子-半斯格明子晶格（斯格明子-梅隆晶格）、复杂的梅隆晶格、斯格明子链和 Bloch 畴壁等。

第 5 章　四极磁场中旋转的自旋轨道耦合的自旋-1BECs 的拓扑激发

通常的自旋轨道耦合包括 Bychkov-Rashba[160] 和 Dresselhaus[161] 两种类型,这两种类型的自旋轨道耦合都是耦合了原子的内态和它的轨道运动,其不仅为研究凝聚态物理、核物理和天体物理中的少体和多体量子现象提供了理想的模拟平台,而且为探索超冷原子气体例如 BECs 中的新颖量子态提供了独特的机遇[162,163]。过去的几年里,大量的实验和理论研究聚焦于自旋轨道耦合的赝自旋-1/2 的 BECs[18,19,22,23,26,28,43,44,59,104,138,139,164-166]。特别地,旋转的自旋轨道耦合的赝自旋-1/2 的 BECs 能产生不同类型的拓扑激发,例如半量子涡旋、涡旋晶格、涡旋项链、斯格明子、斯格明子串和布洛赫畴壁等。近来,人们在实验中实现了自旋轨道耦合的自旋-1[87]Rb 原子的 BECs[167,168],鉴于其旋量特性、SOC 和其他参数的相互作用,实验的成功为探索通常在电子材料和赝自旋-1/2BECs 中所无法实现的自旋-1BECs 的有趣性质铺平了道路[78,95,139,169-171]。本质上,上面提到的自旋轨道耦合都是 SU(2)自旋轨道耦合(SU(2)-SOC),其内态是通过 SU(2)泡利矩阵与动量发生耦合。但是对于自旋-1BECs,如果三组分系统的任何两个内态之间存在耦合,SU(3)自旋轨道耦合(SU(3)-SOC),作为 Gell-Mann 矩阵生成的自旋算符,比 SU(2)-SOC 描述自旋-1BECs 更为有效[172-174]。对于反铁磁的自旋相互作用,SU(3)-SOC 能导致自旋-1BECs 中双量子自旋涡旋的出现[174]。

另一方面,梯度磁场近来被用来产生人工非阿贝尔规范场和各种不同的拓扑缺陷包括狄拉克单极子(Dirac monopole)、斯格明子和量子扭结(quantum knot)[57,175-178]等。此外,相关研究表明通过施加梯度磁场,可以在没有自旋翻转过程的光学晶格系统中实现自旋轨道耦合和自旋霍尔态[61,179]。研究表明,梯度磁场在探索超冷凝聚系统的新型量子态和丰富的多体物理方面起着关键作用。因此,结合 SU(2)SOC、SU(3)SOC、梯度磁场、自旋交换相互作用和其他重要的实验参数(如旋转)来研究旋量 BECs 中的拓扑激发和非平庸量子相将是一个非常有趣的课题。

5.1　理论模型

我们考虑平面四极磁场中旋转的自旋轨道耦合自旋 $F=1$ 的旋量 BECs。基于平均场理论,我们可以得到非线性 GP 形式的有效哈密顿量[174,180-186]

$$H =$$

$$\int \mathrm{d}\boldsymbol{r} \left[\Psi^{\dagger} \left(-\frac{\hbar^2 \nabla^2}{2\mathrm{m}} + \mathrm{V}(\mathrm{r}) + \mathrm{v_{so}} - \Omega \mathrm{L_z} + \mathrm{g_F} \mu_\mathrm{B} \boldsymbol{B}(\boldsymbol{r}) \cdot \mathbf{f} \right) \Psi + \frac{c_0}{2} n^2 + \frac{c_2}{2} \mid F \mid^2 \right]$$

$$(5-1)$$

式中,$\Psi(\Psi_1, \Psi_0, \Psi_{-1})$ 表示序参量,全部的粒子数为 $N = \int \mathrm{d}\boldsymbol{r} \Psi^{\dagger}\Psi$。$m$ 是原子质量,$n = n_1 + n_0 + n_{-1} = \sum_j \psi_j^* \psi_j (j = 0, \pm 1)$ 是全部的粒子密度,且 $\mathbf{r} = (x, y)$。该系统被束缚在两维简谐势阱中,该势阱表示为 $V(r) = m\omega^2 \frac{(x^2 + y^2)}{2}$,$\omega$ 为势阱频率,$a_h = \sqrt{\hbar/m\omega}$ 为谐波振荡长度。Ω 为沿着 z 方向的旋转频率,$L_z = i\hbar(y\partial_x - x\partial_y)$。其中耦合系数 $c_0 = \frac{4\pi\hbar^2(2a_2 + a_0)}{3m}$ 和 $c_2 = \frac{4\pi\hbar^2(a_2 - a_0)}{3m}$ 分别代表密度-密度相互作用和自旋交换相互作用,a_0, a_2 分别表示总自旋为 0 和 2 的散射长度。自旋密度矢量用 $\mathbf{F} = (F_x, F_y, F_z)$ 定义,其中 $F_a(\mathbf{r}) = \Psi^{\dagger} f_a \Psi (\alpha = x, y, z)$,且 $\mathbf{f} = (f_x, f_y, f_z)$ 是 3 * 3 自旋-1 矩阵的不可约表示[85,187],其表示形式由第 2 章中公式(2-48)已给出。$g_F = -\frac{1}{2}$ 表示 Lande 因子,μ_B 表示波尔(Bohr)磁动量,平面四极磁场(平面梯度磁场)$\mathbf{B}(\boldsymbol{r}) = B(xe_x - ye_y)$,其中 B 是四极磁场强度。对于 SU(2)自旋轨道耦合的情形,这里选择

Rashba-type 类型的自旋轨道耦合，其表示为

$$v_{so} = k_x f_x p_x + k_y f_y p_y \qquad (5\text{-}2)$$

SU(3) 自旋轨道耦合表示为

$$v_{so} = k_x \lambda_x p_x + k_y \lambda_y p_y \qquad (5\text{-}3)$$

其中，k_x，k_y 分别代表 x 方向和 y 方向的自旋轨道耦合强度，在书中当 $k_x = k_y (k_x = k_y = k)$ 时，自旋轨道耦合强度用 k 表示，(p_x, p_y) 表示两维的动量。

$$\lambda_x = \lambda^{(1)} + \lambda^{(4)} + \lambda^{(6)} = \begin{pmatrix} 0 & 1 & 1 \\ 1 & 0 & 1 \\ 1 & 1 & 0 \end{pmatrix}, \lambda_y = \lambda^{(2)} - \lambda^{(5)} + \lambda^{(7)}$$

$$= \begin{pmatrix} 0 & -i & i \\ i & 0 & -i \\ -i & i & 0 \end{pmatrix},$$

其中，$\lambda^{(i)}$ $(i=1,\cdots 8)$ 表示 Gell-Mann 矩阵[173,188]。对于 SU(2) 自旋轨道耦合的 BECs，描述系统动力学的无量纲化的 GP 方程组表示如下[182,185]

$$i \frac{\partial \psi_1}{\partial t} = \left[-\frac{1}{2} \nabla^2 + V + i\Omega(x\partial_y - y\partial_x) + \lambda_0 |\psi|^2 \right.$$
$$+ \lambda_2 (|\psi_1|^2 + |\psi_0|^2 + |\psi_{-1}|^2) \Big] \psi_1$$
$$+ [B(x+iy) + (-ik_x\partial_x - k_y\partial_y)]\psi_0 + \lambda_2 \psi_{-1}^* \psi_0^2 \qquad (5\text{-}4)$$

$$i \frac{\partial \psi_0}{\partial t} = \left[-\frac{1}{2} \nabla^2 + V + i\Omega(x\partial_y - y\partial_x) + \lambda_0 |\psi|^2 + \lambda_2 (|\psi_1|^2 + |\psi_{-1}|^2) \right] \psi_0$$
$$+ [B(x-iy) + (-ik_x\partial_x + k_y\partial_y)]\psi_1$$
$$+ [B(x+iy) + (-ik_x\partial_x - k_y\partial_y)]\psi_{-1} + 2\lambda_2 \psi_1 \psi_{-1} \psi_0^* \qquad (5\text{-}5)$$

$$i \frac{\partial \psi_{-1}}{\partial t} = \left[-\frac{1}{2} \nabla^2 + V + i\Omega(x\partial_y - y\partial_x) + \lambda_0 |\psi|^2 \right.$$
$$+ \lambda_2 (|\psi_{-1}|^2 + |\psi_0|^2 + |\psi_1|^2) \Big] \psi_{-1}$$
$$+ [B(x-iy) + (-ik_x\partial_x + k_y\partial_y)]\psi_0 + \lambda_2 \psi_1^* \psi_0^2$$
$$\qquad (5\text{-}6)$$

式中，$\psi_j = N^{-\frac{1}{2}} \Psi_j a_h (j=0, \pm1)$ 表示无量纲化的第 j 组分的波函数，总的粒子数密度表示为 $|\psi|^2 = |\psi_1|^2 + |\psi_0|^2 + |\psi_{-1}|^2$。无量纲的外阱

表示为 $V = \frac{(x^2 + y^2)}{2}$。这里 $\lambda_0 = \frac{4\pi N(2a_2 + a_0)}{3a_h}$ 和 $\lambda_2 = \frac{4\pi N(a_2 - a_0)}{3a_h}$ 分别为无量纲的密度-密度相互作用和自旋-交换相互作用。$B, k_x(k_y)$，Ω 分别表示无量纲的四极磁场强度,自旋轨道耦合强度和旋转频率。在本章的计算中,长度(x 和 y)、时间、能量(相互作用,自旋轨道耦合和旋转)和磁场梯度分别以 $\sqrt{\frac{\hbar}{m\omega}}$、$\omega^{-1}$、$\hbar\omega$、$\frac{\hbar\omega}{(g_F \mu_B a_h)}$ 为单位。对于 SU(3) 自旋轨道耦合的凝聚体,描述系统动力学的无量纲化的 GP 方程组表示如下

$$i\frac{\partial \psi_1}{\partial t} = \left[-\frac{1}{2}\nabla^2 + V + i\Omega(x\partial_y - y\partial_x) \right.$$
$$+ \lambda_0 |\psi|^2 + \lambda_2 (|\psi_1|^2 + |\psi_0|^2 - |\psi_{-1}|^2) \bigg] \psi_1$$
$$+ [B(x + iy) + (-ik_x\partial_x - k_y\partial_y)]\psi_0 + (-ik_x\partial_x + k_y\partial_y)\psi_{-1}$$
$$+ a_2 \psi_{-1}^* \psi_0^2$$

$$i\frac{\partial \psi_0}{\partial t} = \left[-\frac{1}{2}\nabla^2 + V + i\Omega(x\partial_y - y\partial_x) + \lambda_0 |\psi|^2 + \lambda_2 (|\psi_1|^2 + |\psi_{-1}|^2) \right] \psi_0$$
$$+ [B(x - iy) + (-ik_x\partial_x + k_y\partial_y)]\psi_1 + [B(x + iy)$$
$$+ (-ik_x\partial_x - k_y\partial_y)]\psi_{-1} + 2\lambda_2 \psi_1 \psi_{-1} \psi_0^*$$

$$i\frac{\partial \psi_{-1}}{\partial t} = \left[-\frac{1}{2}\nabla^2 + V + i\Omega(x\partial_y - y\partial_x) + \lambda_0 |\psi|^2 \right.$$
$$+ \lambda_2 (|\psi_{-1}|^2 + |\psi_0|^2 + |\psi_1|^2) \bigg] \psi_{-1}$$
$$+ [B(x - iy) + (-ik_x\partial_x + k_y\partial_y)]\psi_0$$
$$+ (-ik_x\partial_x - k_y\partial_y)\psi_1 + \lambda_2 \psi_1^* \psi_0^2 \qquad (5\text{-}9)$$

如以上方程组所示,由于存在 SU(3) 自旋轨道耦合,态 $|1\rangle$ 和 $|-1\rangle$ 间有一个直接的转换。采用虚实演化的方法数值计算了以上两组 GP 方程组,获得了系统的基态结构。

5.2 数值结果分析与讨论

本章分别研究了无磁场和有磁场的情形下束缚于旋转的两维简谐阱中铁磁作用下 SU(2) 和 SU(3) 自旋轨道耦合的自旋-1BECs 的拓扑激发。计算中,我们采用了 Peaceman-Rachford 的虚时传播法,在数值上求解了 GP 方程组,获得系统的基态结构。文中 ψ_1,ψ_2,ψ_3 分别表示自旋 $m_F=1$,$m_F=0$ 和 $m_F=-1$ 分量的密度分布,θ_1,θ_2,θ_3 分别是与其对应的相位分布。

5.2.1 不存在磁场时自旋 $F=1$ BECs 的基态结构

5.2.1.1 各向同性两维自旋轨道耦合自旋 $F=1$ BECs 的基态结构

图 5-1 给出了铁磁相互作用下,各向同性两维 SU(2) 自旋轨道耦合对自旋 F=1BECs 的基态密度分布和相位分布的影响。对于较小的各向同性两维 SU(2) 自旋轨道耦合,BECs 三组分中均没有涡旋产生,三成分的最大密度位于简谐阱的中心,但凝聚体的相位呈平面条纹[图 5-1(a)],其属于托马斯费米相[159]。随着自旋轨道耦合强度 k 的增加,系统能量的增加,凝聚体中出现一对涡旋-反涡旋对[图 5-1(b)]。自旋轨道耦合强度的继续增加,BECs 三组分中分别出现一串涡旋-反涡旋对[图 5-1(c)]。图 5-2 给出了铁磁相互作用下各向同性的 SU(3) 自旋轨道耦合对自旋 $F=1$ BECs 的基态密度分布和相位分布的影响。对于各向同性 SU(3) 自旋轨道耦合的 BECs,随着轨道耦合强度 k 的增加,三组分中均没有涡旋产生,密度分布没有发生明显的变化(如图 5-2(a)~(c)的前三列所示),相位中的条纹相变得越来越密集(如图 5-2(a)~(c)后三列所示),属于托马斯费米相,其完全不同于反铁磁的自旋相互作用,SU(3) 自旋轨道耦合的自旋-1BECs 中双量子自旋涡旋的情形[174]。

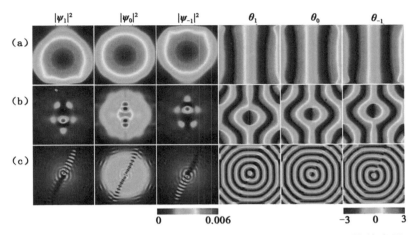

图 5-1　系统达到平衡时, SU(2) 自旋轨道耦合自旋-1BECs 的基态结构。其中 $\lambda_0 = 6052$ 和 $\lambda_2 = -28$, (a)$k = 0.5$, (b)$k = 1$, (c)$k = 2.5$, 前三列分别表示自旋 $m_F = 1$, $m_F = 0$ 和 $m_F = -1$ 分量的密度分布,后三列分别表示自旋 $m_F = 1$, $m_F = 0$ 和 $m_F = -1$ 分量的相位分布

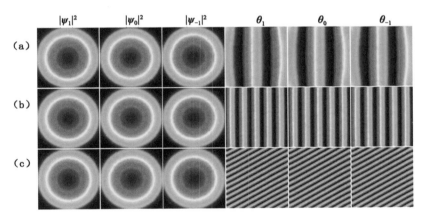

图 5-2　系统达到平衡时, SU(3) 自旋轨道耦合的自旋-1BECs 的基态结构。其中其中 $\lambda_0 = 6052$ 和 $\lambda_2 = -28$, (a)$k = 0.5$, (b)$k = 1$, (c)$k = 2.5$, 前三列分别表示自旋 $m_F = 1$, $m_F = 0$ 和 $m_F = -1$ 分量的密度分布,后三列分别表示自旋 $m_F = 1$, $m_F = 0$ 和 $m_F = -1$ 分量的相位分布

图 5-3 给出了自旋-1BECs 在旋转频率固定的情形下($\Omega = 0.5$)，不同的 SU(2)自旋轨道耦合对系统基态密度分布和相位分布的影响[78]。对于较小的 SU(2)自旋轨道耦合($k = 0.1$)，由图 5-3(a)可知，系统的密度分布是不规则的。当自旋轨道耦合强度 k 大于 0.1 时，系统的基态分布变得开始有规则性。以自旋 $m_F = 1$ 成分为例，图 5-3(b)中有 8 个最近的涡旋环绕着自旋 $m_F = 1$ 成分的中心。在图 5-3(c)、(d)和(e)的自旋 $m_F = 1$ 成分中分别有 7 个、3 个和 4 个涡旋环绕着自旋 $m_F = 1$ 组分的中心。且由图 5-3(b)～(e)的前三列来看，涡旋绕凝聚体的中心

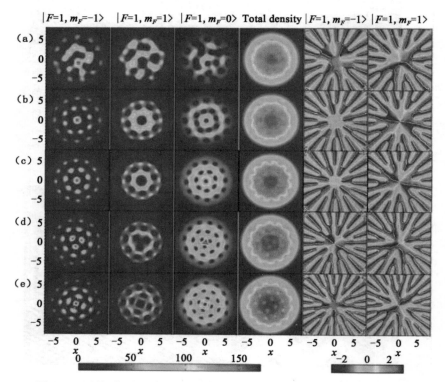

图 5-3　系统达到平衡时，各向同性 SU(2)自旋轨道耦合对旋转的自旋-1BECs 的基态结构的影响[78]。(a)$k = 0.1$，(b)$k = 0.2$，(c)$k = 0.5$，(d)$k = 0.7$，(e)$k = 1$。其中 $\Omega = 0.5$，$a_0 = 101.8a_B$ 和 $a_2 = 100.4a_B$，前三列分别表示自旋 $m_F = 1$，$m_F = 0$ 和 $m_F = -1$ 分量的密度分布，后三列分别表示自旋 $m_F = 1$，$m_F = 0$ 和 $m_F = -1$ 分量的相位分布

一层层向外出现花瓣状排列。第五列和第六列分别表示自旋 $m_F=-1$ 和 $m_F=1$ 成分的相位分布，像单组分玻色凝聚体中的涡旋一样，相位中出现的红蓝色不连续的分界线分别表示相位中的 π 和 -π 相位，线的端点即涡旋的位置。所有的分界线向凝聚体的外围延伸，其延伸的端点在凝聚体的边缘。边缘处凝聚体的密度非常小，即使存在的涡旋，也是属于鬼涡旋，其既不携带能量也不携带角动量，所以其对整个凝聚体的能量和角动量的贡献为零。由图 5-3 我们观测到随着 SU(2) 自旋轨道耦合的增强，系统出现如此规则的均匀分布，这是由于涡旋间彼此存在排斥作用，为了尽可能降低体系的能量，涡旋分布呈现均匀分散的花瓣状结构。图 5-3 第四列显示了凝聚体三组分的总密度分布，由第四列我们可以分辨出一些局域的密度极小的区域，同时我们发现 SU(2) 自旋轨道耦合越大，这种情况越明显。

图 5-4 给出了自旋-1BECs 在旋转频率固定的情形下（$\Omega=0.5$），不同的 SU(3) 自旋轨道耦合对系统基态密度分布和相位分布的影响。对于较小的 SU(3) 耦合强度 $k=0.1$，由图 5-4(a) 可知，系统的密度分布是不规则的。当自旋轨道耦合强度 k 大于 0.1 时，系统的基态分布变得开始有规则性，这一点和 SU(2) 自旋轨道耦合的自旋-1BECs 的变化规律是相似的（图 5-3）。由图 5-4(b) 可以看出，三组分分别从凝聚体中心处衍生出 3 条涡旋链，且每两条涡旋链的夹角约近似于 120°，每组分的涡旋链把凝聚体近似的分成三块区域，这三块区域分别分布着 5～6 个涡旋。随着 SU(3)SOC 强度的增加，由图 5-4(b)～(e) 的密度图分布（前三列）我们发现凝聚体中三条涡旋链上涡旋的数量增加，但三组分涡旋链间三块区域中涡旋的数量基本没有变化但这些涡旋呈现轻微的远离涡旋链的趋势，且呈尽可能均匀的分布。由此可以看出，自旋轨道耦合强度增加给系统提供了更多的能量和角动量，分别由涡旋链上增加的涡旋来承担这些能量和角动量。随着自旋轨道耦合强度的增加，为了尽可能降低体系的能量且各自涡旋态内部存在着排斥型相互作用，所以涡旋分布趋于均匀分散分布变得开始有规则性。由图 5-4(b)～(e) 的后三列相位图，三组分凝聚体的中心处分别分布着 2 个涡旋（$m_F=1$ 成分）、1 个涡旋（$m_F=0$ 成分）、0 个涡旋（$m_F=-1$ 成分），其组成一个中心处的 Mermin-Ho 涡旋结构[73]。

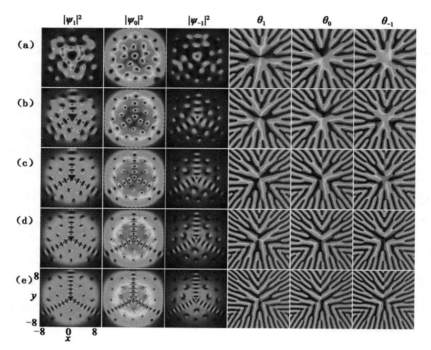

图 5-4　系统达到平衡时,各向同性 SU(3)自旋轨道耦合对旋转的自旋-1BECs 的基态结构的影响。(a)$k=0.1$,(b)$k=0.3$,(c)$k=0.5$,(d)$k=0.7$,(e)$k=1$,其中 $\Omega=0.5$,$\lambda_0=6052$ 和 $\lambda_2=-560$,从左列到右列依次为自旋 $m_F=1$,$m_F=0$ 和 $m_F=-1$ 凝聚体成分的密度分布和相位分布

　　图 5-5 的三列分别显示了三分量凝聚体的总密度分布,自旋 $m_F=1$ 和 $m_F=-1$ 分量的相位差以及基态的动量空间分布,(a)~(e)对应的基态结构分别如图 5-4(a)~(e)所示。由图 5-5 第一列,可以分辨出一些局域的密度极小的区域,同时发现 SU(3)自旋轨道耦合越大,这种情况越明显。由图 5-5 第二列可知被涡旋链分开的三区域中远离涡旋链的涡旋随着 SU(3)自旋轨道耦合越大,变得重叠,且通过进一步计算,发现三组分中远离涡旋链的涡旋随着 SU(3)自旋轨道耦合越大,完全重叠。由图 5-5 第三列知 SU(3)自旋轨道耦合增强的同时,随着涡旋链明显的把凝聚体分成 3 个区域的同时,动量空间密度由一整块分裂成间隔越来越大的三小块。

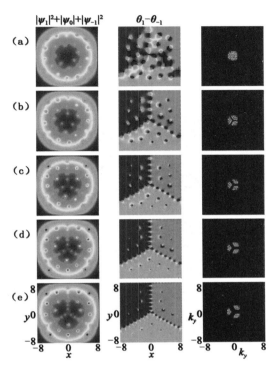

图 5-5　系统达到平衡时,SU(3)自旋轨道耦合对旋转的自旋-
1BECs 的坐标和动量空间分布变化影响。第一列表示三组分
的密度和,第二列表示自旋 $m_F = 1$ 和 $m_F = -1$ 成分的相位差,
第三列表示基态的动量空间分布。(a)～(e)对应的基态结构
分别如图 5-4(a)～(e)所示

　　图 5-6 给出了自旋-1BECs 在 SU(3)自旋轨道耦合固定的情形下
$(k=1)$,不同的旋转频率对系统基态密度分布和相位分布的影响。对
于非常小的旋转频率 $\Omega = 0.1$,由图 5-6(a)所示,系统的密度分布是从凝
聚体中心处延伸出来 3 条涡旋链,彼此间的夹角近似 120°,把凝聚体划
分为 3 个区域。当自旋轨道耦合强度 k 大于 0.1 时,凝聚体涡旋链上的
涡旋数量增加的同时,被涡旋链划分的 3 个区域内涡旋出现且数量呈增
加的趋势,如图 5-6(b)～(d)所示,每个区域内的涡旋数由 2 增加到 11,
且每个区域内的涡旋数量完全相同。由于涡旋间彼此的排斥作用,三组
分中的涡旋呈均匀分布的状态。由图 5-6(b)～(d)的后三列相位图,三

组分凝聚体的中心处的涡旋结构是 Mermin-Ho 涡旋结构。与图 5-4 的变化规律比较，我们发现随着旋转频率的增加，系统增加的能量不仅涡旋链上的涡旋承担而且也会由涡旋链分成的三块区域产生更多的涡旋来承担。

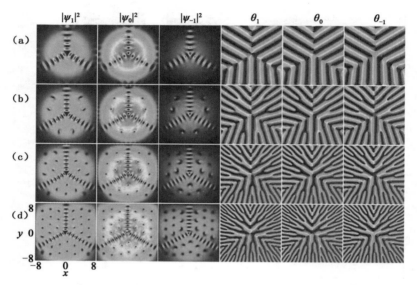

图 5-6　系统达到平衡时，旋转对各向同性的 SU(3) 自旋轨道耦合自旋-1BECs 的基态结构的影响。(a)$\Omega=0.1$,(b)$\Omega=0.3$,(c)$\Omega=0.5$,(d)$\Omega=0.7$，其中 $k=1$,$\lambda_0=6052$ 和 $\lambda_2=-560$，从左列到右列依次为 $m_F=1$,$m_F=0$ 和 $m_F=-1$ 分量的密度分布和相位分布

　　图 5-7 分别显示了三组分 BECs 总密度分布，自旋 $m_F=1$ 和 $m_F=-1$ 分两分量的相位差以及基态的动量空间分布情况，其(a)～(e)的基态结构分别如图 5-6(a)～(e)所示。由图 5-7 第一列，我们可以分辨出一些局域的密度极小的区域，同时我们发现旋转频率的增加，这种情况非常明显。由图 5-7 第二列可知被涡旋链分开的三区域中远离涡旋链的涡旋随着旋转速度增大，变得重叠，且通过进一步计算，我们发现三组分中远离涡旋链的涡旋随着 SU(3) 自旋轨道耦合越大，完全重叠。由图 5-7 第三列知 SU(3) 自旋轨道耦合增强的同时，随着涡旋链明显地把凝聚体分成 3 个区域的同时，动量空间密度由 3 个小点演变成间隔增大的三大块。

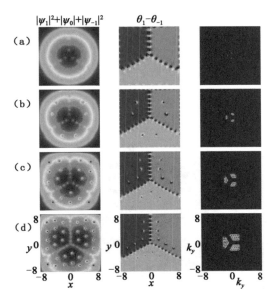

图 5-7　系统达到平衡时,旋转对各向同性的 2D SU(3) 自旋轨道耦合自旋-1BECs 的坐标和动量空间分布的变化影响。第一列表示三组分的密度和,第二列表示 $m_F = 1$ 和 $m_F = -1$ 的相位差,第三列表示基态的动量空间分布。(a)～(d)对应的基态结构分别如图 5-6(a)～(d)所示

5.2.1.2　一维的自旋轨道耦合 BECs 的基态结构

关于一维 SU(2) 自旋轨道耦合 BECs 的基态结构在文献[189]做了系统的讨论,以下将对一维 SU(3) 自旋轨道耦合 BECs 的基态结构进行分析。首先固定一维 SU(3) 自旋轨道耦合强度 $k_y = 1$,目的是研究旋转对自旋-1BECs 中涡旋链形成的影响。图 5-8 呈现了平衡态下不同旋转频率情形下凝聚体基态结构的密度分布和相位分布。没有旋转时,凝聚体属于托马斯-费米相,这一点和各向同性两维的 SU(3) 自旋轨道耦合的凝聚体的情形是一样的(如图 5-2 所示)。对于较小的旋转频率($\Omega = 0.1$),所有的涡旋沿着 y 轴形成一条链并且完全横穿整个凝聚体(如图 5-8(b))。这种涡旋链本质上不同于旋转的 BECs 中涡旋的对称和平均分配。当旋转频率 $\Omega = 0.3$ 时,涡旋链上有更多涡旋产生,同时涡旋链的两侧有少量涡旋产生,如图 5-8(c)所示,三组分凝聚体

涡旋链的左侧分别有 4 个涡旋,涡旋链右端分别 3 个涡旋。随着自旋轨道耦合强度的增加,涡旋链上涡旋数目增加的同时,涡旋链两侧的涡旋也增多,且呈现基本对称的分布(如图 5-8(d)~(e))。通过计算,涡旋链上的涡旋都是不重叠的,但随着旋转频率的增加,远离涡旋链的涡旋发生重叠,图 5-8(a)~(e)的最后一列给出了自旋 $m_F=1$ 和 $m_F=-1$ 凝聚体的相位差。

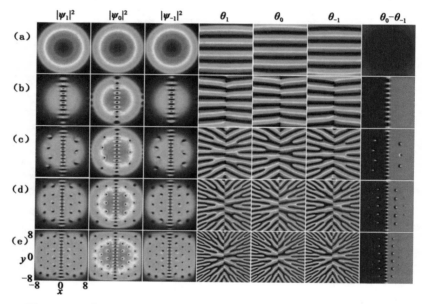

图 5-8　系统达到平衡时,旋转对一维的 SU(3)自旋轨道耦合自旋-1BECs 的基态密度分布和相位分布的作用。(a)$\Omega=0$,(b)$\Omega=$ 0.1,(c)$\Omega=0.3$,(d)$\Omega=0.5$,(e)$\Omega=0.7$,其中 $k_y=1$,$\lambda_0=6052$ 和 $\lambda_2=-560$,从左列到右列依次为 $m_F=1$,$m_F=0$ 和 $m_F=-1$ 分量的密度分布和相位分布以及自旋 $m_F=1$ 和 $m_F=-1$ 的相位差

图 5-9 给出了图 5-8(b)~(e)横穿凝聚体中心涡旋链的剖面图,如图 5-9(a)~(d)所示,自旋 $m_F=1$,$m_F=0$ 和 $m_F=-1$ 三成分沿着 y 轴的密度剖面完全不同,随着旋转频率的增加,三分量的涡旋越来越密集,且总的密度呈减少的趋势。整个过程中 $m_F=1$ 和 $m_F=-1$ 组分的密度比较接近,而组分 $m_F=0$ 的密度较小。同时,涡旋连续的且同样的沿着 y 轴分布,因此我们把它视为一个整体:涡旋链。由图 5-8(b)~(e)

可观察到存在旋转的情况下,涡旋链贯穿整个凝聚体。再者,3 个涡旋链中涡旋的数量随着旋转频率的增加而增加。确定的参数下的平衡态中涡旋链中的涡旋数是有限的并且是固有的,我们不能改变涡旋链中固有的涡旋数,除非参数改变。由图 5-9 可以看出凝聚体三自旋组分涡旋链上的涡旋完全不同步。

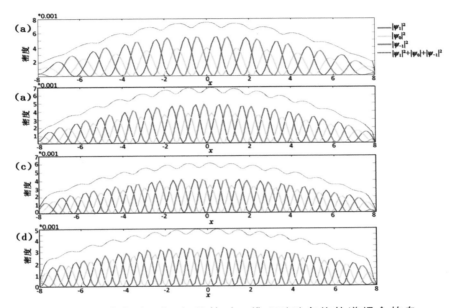

图 5-9　系统达到平衡时,旋转对一维 SU(3) 自旋轨道耦合的自旋-1BECs 的涡旋链形成的作用。(a)$\Omega=0.1$,(b)$\Omega=0.3$,(c)$\Omega=0.5$,(d)$\Omega=0.7$,其中 $k_y=1$,$\lambda_0=6052$ 和 $\lambda_2=-560$,其基态结构如图 5-8(b)～(e)所示

　　我们考虑一维自旋轨道耦合对涡旋链形成的影响。其中旋转频率固定在 $\Omega=0.5$,除了一维的自旋轨道耦合强度和旋转频率,其他参数和图 5-8 相同。由图 5-10(a)可知,对于 $k_y=0.1$,并没有明显的涡旋链产生。如图 5-10(b)所示,对于 $k_y=0.2$,自旋 $m_F=1$,$m_F=0$ 和 $m_F=-1$三成分中分别有几个涡旋沿着 y 轴出现,但该链上的涡旋分布是不均匀的。随着一维自旋轨道耦合强度 k_y 的增加,涡旋链上的涡旋数目增多的同时,涡旋的分布渐呈均匀分布的趋势,由相位分布可以看出 $m_F=1$ 成分链上的涡旋部分呈双量子涡旋(如图 5-10(c)～(d)第四

列），自旋轨道耦合强度的继续增加，三组分中的涡旋链变得越来越清晰，完全呈均匀分布[图 5-10(e)]，除了沿着 y 轴的涡旋，其他的涡旋平行于 y 轴分布。

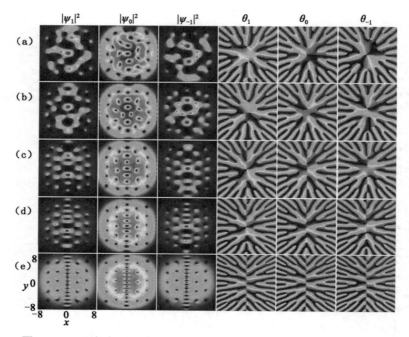

图 5-10 系统达到平衡时，一维 SU(3) 自旋轨道耦合对旋转的自旋-1BECs 的基态密度分布和相位分布的作用。(a) $k_y = 0.1$，(b) $k_y = 0.2$，(c) $k_y = 0.3$，(d) $k_y = 0.5$，(e) $k_y = 1$，其中 $\Omega = 0.5$，$\lambda_0 = 6052$ 和 $\lambda_2 = -560$，从左列到右列依次为自旋 $m_F = 1$，$m_F = 0$ 和 $m_F = -1$ 凝聚体成分的密度分布和相位分布

图 5-11(a)～(e)分别给出了图 5-10 中(a)～(e)涡旋链的剖面图，在图 5-10(a)和(b)中，并没有真正意义上的涡旋链产生，因为从图 5-11(a)和(b)来看，一些密度最小值并没有完全达到 0。随着自旋轨道耦合的增加，涡旋链上的涡旋渐呈均匀的分布趋势且越来越密集[图 5-11(c)～(e)]，同时我们得出一维的 SU(3)随着自旋轨道耦合的增加涡旋链上的涡旋并不同步。

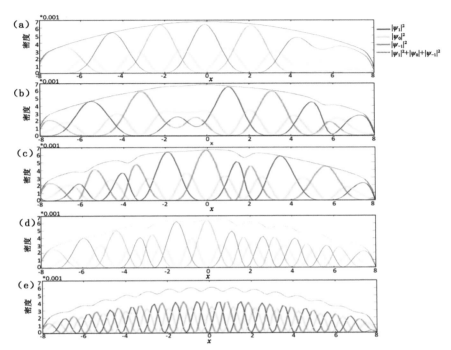

图 5-11　系统达到平衡时,一维的 SU(3)自旋轨道耦合对旋转的自旋-1BECs 涡旋链形成的作用。(a)$k_y=0.1$,(b)$k_y=0.2$,(c)$k_y=0.3$,(d)$k_y=0.5$,(e)$k_y=1$,其中 $\Omega=0.5$,$\lambda_0=6052$ 和 $\lambda_2=-560$

5.2.2　存在磁场时 BECs 的基态结构

5.2.2.1　不存在旋转时 BECs 的拓扑激发

我们分析不存在旋转($\Omega=0$)情形下平面四极磁场的作用,首先自旋轨道耦合强度固定为 $k=0.8$,图 5-12 呈现了系统的基态结构的密度分布和相位分布。图 5-12 的上面三行是 SU(2)自旋轨道耦合的 BECs,四极磁场强度分别为(a)$B=0.2$,(b)$B=1$,(c)$B=5$,图 5-12 的下面两行是 SU(3)自旋轨道耦合的 BECs,四极磁场强度分别为(d)$B=0.2$,(e)$B=1.5$,以下内容的描述中我们将按照凝聚体三组分中缠绕数

(winding number) 的组合情况来描涡旋结构。缠绕组合可以表示为 $[\omega_1,\omega_0,\omega_{-1}]$，其中 $\omega_1,\omega_0,\omega_{-1}$ 分别是组分 ψ_1,ψ_0,ψ_{-1} 的缠绕数，ω 意味着波函数环绕相奇异点旋转的圈数。对于 SU(2) 自旋轨道耦合的 BECs，如图 5-12(a)～(c) 所示，当平面四极磁场强度从 0.2 增加到 5 时，涡旋仅仅出现在自旋 $m_F=1$ 和 $m_F=-1$ 成分的中心，$m_F=0$ 凝聚体中处是孤子，以上形成一个缠绕组合为 $(1,0,-1)$ 的反铁磁核（antiferromagnetic core）的极性核涡旋态（polar-core vortex）。本质上，图 5-12(a)～(b) 总密度中不存在相位缺陷，属于无核的极性核涡旋态。而 5-12(c) 由于总密度分布中存在明显的密度洞，因此它是奇异的极性核涡旋态。数值结果表明，中心的极性核涡旋是与四极磁场和 SU(2) 自旋轨道耦合有关。四极磁场和 SU(2) 自旋轨道耦合的共同作用产生特殊的鞍点结构，其中自旋的面内磁化发生在特定磁场中，鞍点处的总磁化 $|\mathbf{F}|$ 的幅度为零。为了满足角动量的守恒条件，自旋 $m_F=1$ 和 $m_F=-1$ 两分量中心的 2 个涡旋分别相反的方向旋转，因此它们有相反的缠绕数。

但是对于 SU(3) 自旋轨道耦的 BECs，三组分的密度分布明显不同于 SU(2) 自旋轨道耦的 BECs。对于相对弱的平面四极磁场强度（$B=0.2$），如图 5-12(d) 所示，三分量由涡旋和反涡旋组成的涡旋-反涡旋簇组成，其中 $m_F=1$ 分量有 2 个涡旋（顺时针旋转）和 3 反个涡旋（逆时针旋转）构成，$m_F=0$ 分量由 2 个涡旋和 2 个反涡旋组成，$m_F=-1$ 分量有 2 个反涡旋和 3 个涡旋组成。由于存在 SU(3) 自旋轨道耦合，时间反转对称性被破坏导致凝聚体三分量呈现不规则的相位分布。对于较大的平面四极磁场强度，例如 $B=1.5$，我们观测到三分量中远离凝聚体中心区域的涡旋消失（如图 5-12(e) 所示）。旋涡数的显著减少是由于平面内磁场引起的磁矩反转引起的。由图 5-12 可知，缠绕结构保持反铁磁核的 $[-1,0,1]$ 的结构与自旋轨道耦合类型无关。

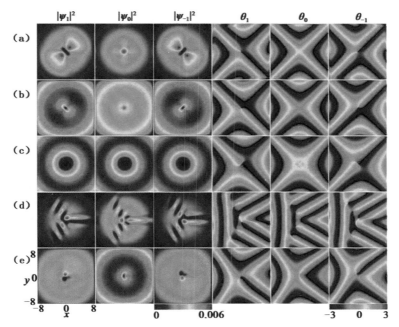

图 5-12　系统达到平衡时,非旋转自旋-1BECs 中平面四极磁场对基态密度和相位分布的影响,其中自旋轨道耦合强度 $k=0.8$, (a) $B=0.2$, (b) $B=1$, (c) $B=5$, (d) $B=0.2$, (e) $B=1.5$。其中(a)～(c)是 SU(2)自旋轨道耦合的 BECs, (d)～(e)是 SU(3)自旋轨道耦合的 BECs。此外,其中 $\Omega=0$, $\lambda_0=6052$ 和 $\lambda_2=-28$, 第一列到第三列分别是自旋 $m_F=1$, $m_F=0$ 和 $m_F=-1$ 分量的密度分布,第四列到第六列是分别与其相对应的相位分布

其次,我们来研究无旋转($\Omega=0$)情形下平面四极磁场中,SU(2)和 SU(3)自旋轨道耦合对自旋-1BECs 基态结构的影响。四极磁场强度固定为 $B=0.2$, 除了 SU(2)和 SU(3)自旋轨道耦合强度,其他参数和图 5-12 是完全相同的,其主要的基态结果如图 5-13 所示。不存在自旋轨道耦合情形下,即 $k=0$, 如图 5-13(a)所示,三组分 $m_F=1$, $m_F=0$ 和 $m_F=-1$ 中心缠绕结构是 $[-2, -1, 0]$ 结构,这种涡旋结构叫做 Mermin-Ho 涡旋态[73], 其中组分 $m_F=1$ 和 $m_F=0$ 的中心区域分别是缠绕数为 -2 构成的双量子涡旋和缠绕数为 -1 的单量子涡旋,而组分 $m_F=-1$ 的中心区域是一个缠绕数为组分 0 的亮孤子。凝聚体

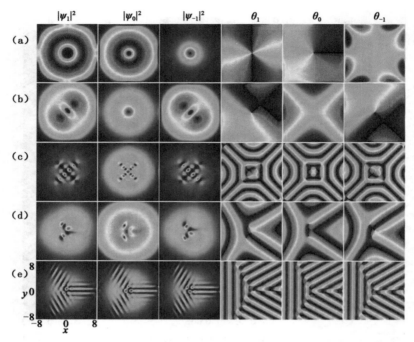

图 5-13　系统达到平衡时，非旋转自旋-1BECs 中自旋轨道耦合对基态密度和相位的影响，其中平面四极磁场强度 $B=0.2$，(a) $k=0$，(b) $k=0.2$，(c) $k=1.8$，(d) $k=0.3$，(e) $k=1.5$。其中 (b) 和 (c) 是 SU(2) 自旋轨道耦合的 BECs，(d) 和 (e) 是 SU(3) 自旋轨道耦合的 BECs，其中 $\Omega=0$，$\lambda_0=6052$ 和 $\lambda_2=-28$，第一列到第三列分别是自旋 $m_F=1$，$m_F=0$ 和 $m_F=-1$ 分量的密度分布，第四列到第六列是分别与其相对应的相位分布

中心区域的序参量类似于铁磁态 $(0,0,1)^T$。对于较小的 SU(2) 自旋轨道耦合，例 $k=0.2$，如图 5-13(b) 所示，中心的 Mermin-Ho 涡旋结构 $(-2,-1,0)$ 转换成中心的极性核涡旋结构 $(-1,0,1)$。该极性核涡旋结构中三组分的缠绕数 $(-1,0,1)$ 是由 Mermin-Ho 涡旋结构中三组分中缠绕数 $(-2,-1,0)$ 分别加上由 SU(2) 自旋轨道耦合产生的对应的缠绕数 $(1,1,1)$ 而产生的。本质上，极性核涡旋结构是由平面四极磁场和自旋轨道耦合共同作用产生的。随着 SU(2) 自旋轨道耦合强度的进一步增加，中心的极性核涡旋态仍然存在，这是因为在铁磁相互作用下平面四极磁场作用保护中心的极性核涡旋结构免受 SU(2) 自旋

轨道耦合的破坏。当 SU(2)自旋轨道耦合强度持续增加,例 $k=1.8$ 时,如图 5-13(c)所示,我们会发现 BECs 中心极性核涡旋态旁边的涡旋出现并沿着平面四极磁场的渐近方向分布,形成一个对角化的涡旋-反涡旋串晶格,其中涡旋串占据一条对角线,反涡旋串占据另一条对角线。

对于 SU(3)自旋轨道耦合的 BECs,当自旋轨道耦合强度较弱时 $(k=0.3)$,如图 5-13(d)所示,分量 $m_F=1$ 组分是由 1 个涡旋和 2 个反涡旋组成的三角涡旋-反涡旋晶格,分量 $m_F=0$ 组分是由一个涡旋-反涡旋对组成,分量 $m_F=-1$ 组分由由两个涡旋和一个反涡旋组成的三角形涡旋-反涡旋晶格组成。随着 SU(3)耦合强度 k 由 0.3 增加到 1.5,如图 5-13(d)~(e)所示,每个组分涡旋数量也在增加,并产生两条明显夹角近似 120 度的涡旋链和反涡旋链。本质上,这个有趣的特点是由于自旋-1BECs 中 SU(3)自旋轨道耦合和平面四极磁场的共同作用产生的,该结构在其他系统中无法获,因为哈密顿量中 SU(3)自旋轨道耦合包括了三个态中所有的成对的耦合[172-174]。从图 5-12 和图 5-13 来看,平面四极磁场和自旋轨道耦合作为 2 个新的自由度能用来调节自旋-1BECs 的基态结构并控制不同基态的相转换。

5.2.2.2　存在旋转时 BECs 的拓扑激发

下面研究平面四极磁场中旋转的自旋轨道耦合的自旋-1 的 BECs 的基态结构。图 5-14 给出了固定旋转频率 $\Omega=0.3$ 的情形下,以平面

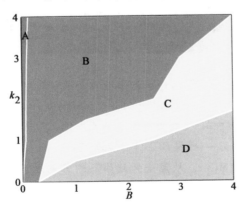

图 5-14　以平面四极磁场强度中 B 和 SU(2)自旋轨道耦合强度 k 为变化参数的基态相图,其中 $\Omega=0.3, \lambda_0=6052$ 和 $\lambda_2=-28$,四个不同的量子相依次用 A-D 表示

四极磁场强度和 SU(2) 自旋轨道耦合强度为变化参数的基态相图。研究表明,旋转的系统能够产生 4 种典型的量子相,该量子相是以密度和相位的分布来区分,相依次用 A-D 表示。以下的讨论中我们将详细的描述每个量子相,图 5-14 中的 A-D 四个相的密度和相位分别如图 5-15(a)~(e)所示。

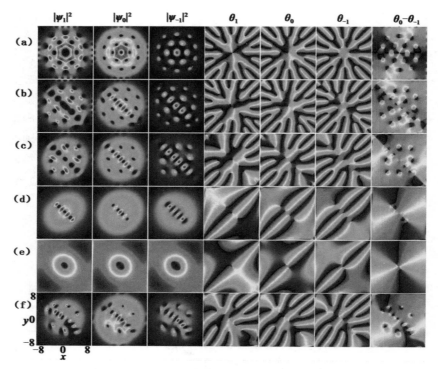

图 5-15　系统达到平衡时,旋转的自旋轨道耦合的自旋-1BECs 中平面四极磁场对基态结构的作用,(a) $B=0$,(b) $B=0.1$,(c) $B=0.2$,(d) $B=0.5$,(e) $B=3$,(f) $B=0.3$,其中 $\Omega=0.3$,$k=0.5$,$\lambda_0=6052$ 和 $\lambda_2=-28$,这里(a)~(e)是 SU(2) 自旋轨道耦合的 BECs,(f)是 SU(3) 自旋轨道耦合的 BECs。从第一列到第三列分别是 $m_F=1$,$m_F=0$ 和 $m_F=-1$ 分量的密度分布,从第四列到第六列分别是三组分对应的相位分布,最后一列是 $m_F=1$,$m_F=0$ 和 $m_F=-1$ 分量的相位差

我们现在来考虑自旋-1BECs 中平面四极磁场对对角化涡旋链形成的作用,图 5-15(a)～(e)是 SU(2)自旋轨道耦合 BECs 的基态,图 5-15(f)是 SU(3)自旋轨道耦合的 BECs 的基态。该图呈现了自旋 $m_F=1, m_F=0$ 和 $m_F=-1$ 三分量的密度分布(从第一列到第三列),对应的相位分布(从第四列到第六列)以及 $m_F=1$ 和 $m_F=-1$ 相位差(最后一列)。对于平面四极磁场强度足够弱时,即如图 5-14 中的红色区域 A,该区域内的密度分布和相位分布如图 5-15(a)所示。自旋 $m_F=1,$ $m_F=0$ 和 $m_F=-1$ 分量最中心的涡旋缠绕数分别为 2,1 和 0,构成个 Mermin-Ho vortex 涡旋,其中组分 $m_F=1$ 中心处是一个亮孤子。此外,三组分中环绕凝聚体的中心都有 6 个涡旋并构成沿方位角方向的漩涡项链结构。每组分的原子云的外部区域被一条由 10 个涡旋组成的较大的项链状涡旋链组成。每组分的密度分布都是具有很好的旋转对称性。我们称 A 相为由两条同心的环形项链状涡旋和一个中央 Mermin-Ho 涡旋态组成的旋转对称的涡旋项链。

随着平面四极磁场强度的增加,图 5-14 中的 B 相作为系统的基态结构出现,其典型的密度和相位分布如图 5-15(b)～(c)所示。我们观察到凝聚体中心处的 Mermin-Ho 涡旋消失且周围的涡旋明显的减少,同时,剩余的涡旋沿着或平行于凝聚体的主对角线。这种新的奇特的结构即 B 相,也叫作对角涡链簇态。近来,涡旋链现象在各向异性的自旋轨道耦合的赝自旋-1/2BECs 和自旋-1BECs 中报道过[48,78,189]。但是,本书中对角化的涡旋链是由平面四极磁场,各向同性的自旋轨道耦合以及旋转的共同作用产生的。实际上平面四极磁场和自旋轨道耦合的共同作用能够产生相反动量的对角化的平面波相位(如图 5-12(a)～(c)和图 5-13(b)～(c)所示)。同时,旋转作用能够创造涡旋。因此,平面磁极磁场、旋转和自旋轨道耦合共同产生对角化的涡旋链。当平面四极磁场强度增加时,沿着凝聚体对线的涡旋链以及远离涡旋链的涡旋都减少(如图 5-15 所示)。B 量子相存在于相对弱的四极磁场强度或者强的自旋轨道耦合,且占据图 5-14 中量子相的最大区域。图 5-12 最后一列的相位差表明自旋 $m_F=1$ 和 $m_F=-1$ 的相位是不同步的,这一点不同于各向异性自旋轨道耦合的情形[48,78,189]。

当平面四极磁场进一步增强时,图 5-14 中黄色区域的 C 相作为基态相出现,典型的密度分布和相位分布如图 5-15(d)所示,3 个组分中涡旋数量减少,且涡旋链两侧的涡旋消失,仅剩一条涡旋链。我们把 C 相称为单个对角涡旋链。对于相对弱的 SOC 强度,随着平面四极磁场强度的进一步增加,图 5-14 中的 C 相转换成 D 相。该区域典型的密度分布和相位分布如图 5-15(e)所示,只剩下凝聚体中心附近很少的涡旋。D 相称为少涡旋态。涡旋数量的减少是由平面四极磁场导致的磁矩的翻转引起的。以上的现象可以解释为普通的涡旋是与自旋的翻转和起伏有关的,其使自旋偏离 x-y 平面。另一方面,平面四极磁场在磁矩上施加扭矩,导致自旋倾向平行于平面磁场。因此,平面四极磁场抑制涡旋的产生,而旋转能够增加涡旋的数量,同时,自旋轨道耦合也能产生涡旋。以上 3 个因素彼此竞争,当四极磁场足够强时,涡旋的抑制作用占主导地位,因此涡旋的数量减少。图 5-15 展示了随着四极磁场强度 B 的增加,系统密度不同类型间的转换。因此,四极磁场可以用来调控自旋轨道耦合的自旋-1 的玻色凝聚体需要的基态相以及调控不同基态相间的转换。

在其他参数相同的情况下,对于 SU(3)自旋轨道耦合的 BECs,随着四极场强度的增加,基态存在相似的结构转变,为了简单起见,没有在这里列出所有的图片。图 5-15(f)中给出了关于 SU(3)情形的基态结构。很明显,由于平面梯度磁场和 SU(3)自旋轨道耦合的共同作用破坏了密度分布的对称性[173,174],每个组分中的涡旋呈现蛇形结构。通过计算 $m_F = -1, 0, 1$ 间任意两分量的相位差,例如 $m_F = -1$ 和 $m_F = 1$ 两组分间的相位差在图 5-15 最后一列给出,可以看到两相位是不同步的。因此,3 个分量中所有远离对角涡旋链的涡旋都形成了 3 个涡旋构型,该结构近来在各向异性的自旋-1BECs 中被观察到[189]。但是,这里的三涡旋结构是由面内四极场,各向同性的自旋轨道耦合和旋转的共同作用引起的。当 3 个涡旋重叠时,该结构会给系统提供更多的角动量和能量,因此,重叠的 3 个涡旋结构更容易出现在系统的低密度区域(例:BECs 的边缘)。

现在来研究旋转系统中 SU(2)自旋轨道耦合对涡旋链的影响。其中四极磁场强度固定在 $B=0.2$,除了自旋轨道耦合强度 k,其他的参数和图 5-15 是一样的,图 5-16 表明了不同的自旋轨道耦合作用下涡旋分布的情况。如图 5-16(a)所示,当 $k=0$ 时,没有明显的涡旋链产生。对于小的自旋轨道耦合强度 $k=0.2$,$m_F=-1, 0, 1$ 凝聚体成分里有少量的涡旋出现并组成涡旋链[图 5-16(b)]。随着自旋轨道耦合强度 k 继续增加,更多的涡旋被激发且涡旋链变得更加明显,每组分有涡旋以平行对角涡旋链的排列方式出现,由图 5-16(c)~(e)可以发现,随着自旋轨道耦合强度增加,远离涡旋链的涡旋数目增加。以上的涡旋链结构是类似于图 5-15(b)和(c)的。我们观测到远离对角线分布的涡旋是以近似对称的方式分布。这是因为涡旋间的排斥作用足够强,以上的涡旋排列的方式可以使每个涡旋的受力达到一个平衡。通过计算 $m_F = -1$,0,1 三成分中任意两个成间的相位差,可知任何两个成分的相位都不是同步的,因此,远离对角线的涡旋都形成 3 个涡旋结构,此结构在文献[189]中有过报道。事实上,这种有趣的涡旋结构是由平面四极磁场,旋转,自旋轨道耦合共同的作用引起的。此现象能被解释为当涡旋不重叠的时候,有利于减少系统的能量。其中图中第四列给出了自旋 $m_F = -1, m_F = 0$,$m_F = 1$ 三成分的密度和,由图 5-16 第四列可知,随着自旋轨道耦合强度的增加,密度和局域密度极小的区域越明显。通过数值计算,得出相同的条件下 SU(3)自旋轨道耦合的玻色凝聚体遵从相同的规律。

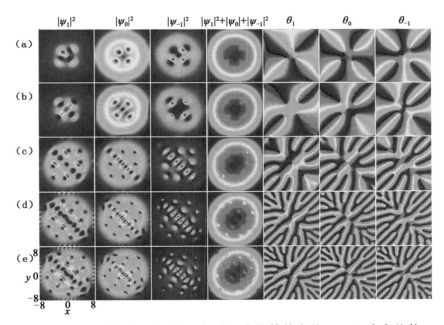

图 5-16　系统达到平衡时,四极磁场中旋转的自旋-1BECs 中自旋轨道耦合对基态密度和相位的影响,(a) $k = 0$,(b) $k = 0.2$,(c) $k = 0.5$,(d) $k = 1$,(e) $k = 1.3$。其中 $B = 0.2$,$\Omega = 0.3$,$\lambda_0 = 6052$ 和 $\lambda_2 = -28$。左边四列是 $m_F = 1$,$m_F = 0$ 和 $m_F = -1$ 三分量的密度分布以及三分量的密度和,右边三列分别为 $m_F = \pm 1$ 成分的相位及相位差

最后来研究固定磁场强度和 SU(2) 自旋轨道耦合强度的作用下,旋转对涡旋链的影响。其中四极磁场系数固定在 $B=0.2$,自旋轨道耦合强度固定在 $k=0.8$,其他参数和图 5-16 是一样的,图 5-17 表明了不同的旋转频率下涡旋分布的情况。如图 5-17(a)所示,对于较小的旋转频率 $\Omega=0.1$ 时,$m_F=1$ 凝聚体没有涡旋产生,$m_F=0$ 凝聚体中心处有 1 个涡旋产生,$m_F=-1$ 凝聚体沿对角线的方向凝聚体的中心的两侧 2 个涡旋生成,其组成。当旋转频率 $\Omega=0.2$ 时,三组分对角线上的涡旋均构成涡旋链结构,涡旋链的同一侧均有一个涡旋产生[图 5-17(b)]。随着旋转频率的增加,即当 $\Omega=0.3$ 时,三组分对角链上的涡旋进一步增加,同时涡旋链两侧的涡旋的数量也增加[图 5-17(c)]。旋转频率继续增大,例如 $\Omega=0.5$ 时,我们发现虽然整个凝聚体中的涡旋数量呈增加的趋势,但对角链上的涡旋较原来有所减少。由此可见,旋转频率的增加给系统提供了角动量和能量,首先由对角线上的涡旋来承担,当旋转频率增加到一定值时,给系统提供的角动量和能量由涡旋链以外的涡旋来承担。

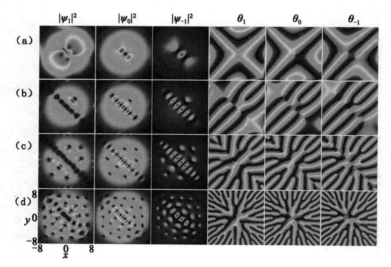

图 5-17 系统达到平衡时,旋转对四极磁场作用下自旋轨道耦合的自旋-1BECs 的基态密度和相位的作用,(a) $\Omega=0.1$,(b) $\Omega=0.2$,(c) $\Omega=0.3$,(d) $\Omega=0.5$,其中 $B=0.2$,$k=0.8$ $\lambda_0=6052$ 和 $\lambda_2=-28$。从第一列到第六列分别为自旋 $m_F=1$,$m_F=0$ 和 $m_F=-1$ 凝聚体三分量的密度分布和相位分布

5.2.3　自旋纹理

涡旋的结构能产生自旋纹理的拓扑激发,自旋-1BECs 系统中,其自旋密度可以表示为

$$S_\alpha = \frac{\left| \sum_{M,N=0,\pm 1} \psi_m^* (\hat{F}_\alpha)_{m,n} \psi_n \right|^2}{|\psi|} \quad (\alpha = x, y, z) \tag{5-10}$$

进一步简化,将三个方向的自旋密度分量表示如下

$$S_x = \frac{1}{\sqrt{2}} \frac{\psi_0^* \psi_1 + (\psi_1^* + \psi_{-1}^*)\psi_0 + \psi_0^* \psi_{-1}}{|\psi_1|^2 + |\psi_0|^2 + |\psi_{-1}|^2} \tag{5-11}$$

$$S_y = \frac{i}{\sqrt{2}} \frac{\psi_0^* \psi_1 + (\psi_{-1}^* \psi_1^*)\psi_0 - \psi_0^* \psi_{-1}}{|\psi_1|^2 + |\psi_0|^2 + |\psi_{-1}|^2} \tag{5-12}$$

$$S_z = \frac{\psi_1^* \psi_1 - \psi_{-1}^* \psi_{-1}}{|\psi_1|^2 + |\psi_0|^2 + |\psi_{-1}|^2} \tag{5-13}$$

式中,自旋密度满足 $|\mathbf{S}|^2 = S_x^2 + S_y^2 + S_z^2 = 1$。

图 5-18 中(a)和(b)分别是各向同性两维的 SU(2)自旋轨道耦合强度 $k=1$ 的自旋-1BEC 的拓扑荷密度分布和自旋纹理结构,其对应的基态结构如图 5-1(b)所示,图 5-18(c)和(d)分别是图 5-18 中(b)的局部纹理的放大。计算表明图 5-18 中(b)和(c)中的红色点所在位置的自旋纹理携带的拓扑荷的值为 $Q = 0.5$,其表示半斯格明子(梅陇)[73,78],图 5-28 中(b)和(d)中的蓝色点所在位置的自旋纹理携带的拓扑荷的值为 $Q = -0.5$,其表示半反斯格明子(反梅陇)。显然图 5-18 中(b)中半斯格明子和半反斯格明子组成的半斯格明子-半反斯格明子对是由图 5-1(b)中三组分凝聚体的涡旋-反涡旋对产生的。

近来的相关研究表明,具有自旋轨道耦合的自旋-1BECs 中的半斯格明子是与 3 个涡旋结构有关的,其可以表示为 $[1_1, 1_0, 1_{-1}]$[78,189]。在尖括号中,$1_j(j = 1, 0, -1)$表示组分 $m_F = j(j = 1, 0, -1)$ 的涡旋缠绕数为 1(即这 3 个分量分别包含一个缠绕数为 1 的一个涡旋),尖括号外的角标 3 表示 3 个涡旋是彼此独立不重叠的。因此,我们可以把 3 个涡旋结构看成是一个小的单元,其中三组分的涡旋的数目比值是 1:1:1。

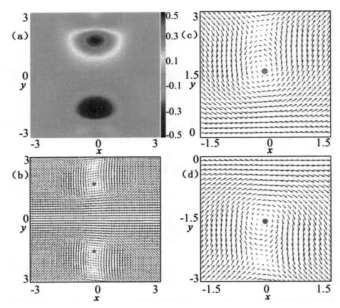

图 5-18 (a)拓扑荷密度,(b)对应图(a)的自旋纹理,(c)～(d)自旋纹理的局部放大,其基态结构如图 5-1(b)所示。其中(b)～(d)中红色点表示半斯格明子(梅陇),蓝点表示半反斯格明子(反梅隆)

图 5-19 中(a)和(b)分别是各向同性两维的 SU(2)自旋轨道耦合强度 $k=2.5$ 的自旋 $\$-1$BEC 的拓扑荷密度分布和自旋纹理结构,其对应的基态结构如图 5-1(c)所示,考虑到自旋纹理的有限分辨率,图 5-19(b)给出了 $y<0$ 区域的自旋纹理,(c)是对应(a)中黑色方框的拓扑荷密度的放大,(d)是对应(c)的自旋纹理,基态结构中自旋纹理典型的局部的放大分别如图 5-19(d)中的蓝色点和红色点所在区域所示,计算表明图 5-19 中(b)和(d)中的红色点位置的自旋纹理携带的拓扑荷的值为 $Q=0.5$,其表示半斯格明子[73,78]。同时,图 5-19 中(d)中的自旋纹理携带的拓扑荷的值为 $Q=-0.5$,其表示半反斯格明子。因此,图 5-19 中(b)中的自旋缺陷形成一个半斯格明子链。因此,对应图 5-1(c)的基态中所有的自旋纹理由一部分半斯格明子链和一部分半反斯格明子链组成的,我们将这种特殊的拓扑结构称为长条状的半斯格明子-半反斯格明子链。

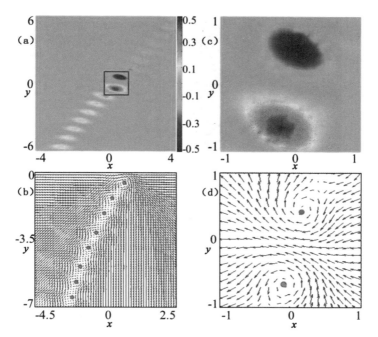

图 5-19　(a)拓扑荷密度,(b)对应图(a)的部分自旋纹理,(c)是
(a)中黑色方框的放大,(d)对应(c)的自旋纹理,其基态结构如
图 5-1(c)所示。其中红色点表示环形斯格明子的斯格明子,黄
色点表示半斯格明子(梅隆)

　　图 5-20 对应的基态结构如图 5-4(c)所示,(a)拓扑荷密度,(b)对应
(a)的自旋纹理,其中红色点表示环形的斯格明子,黄色点表示半斯格明
子。(c)和(d)分别表示红色点和黄色点位置纹理的放大。三个组分中
心处的涡旋结构是 Mermin-Ho 涡旋,并通过计算得到其携带拓扑荷的
值为 $Q=1$,其形成一个环形的斯格明子(如红色点所示)。中心的斯格
明子是三条由半斯格明子组成的涡旋链(如黄色点所示),其呈现放射性
的排列。实际上,每个半斯格明子是一个 3 个涡旋结构。因此,我们可
以把三个涡旋结构看成是一个小的单元,其中三组分的涡旋的数目比值
是 $1:1:1$,以上的结构能被表示为 $(1_1,1_0,1_{-1})_3$。

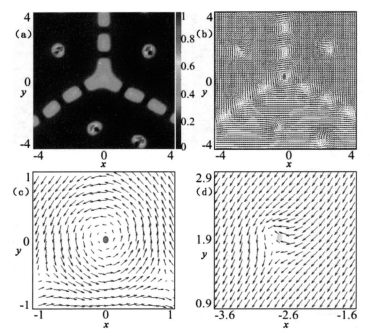

图 5-20　(a)拓扑荷密度,(b)对应图(a)的自旋纹理,(c)～(d)
自旋纹理的局部放大,其基态结构如图 5-4(c)所示。其中红色
点表示环形斯格明子,黄色点表示半斯格明子(梅隆)

　　图 5-21 是对应图 5-12(a)的自旋结构,此时不考虑旋转,自旋被完全磁化到平面内,自旋的排列类似于四极磁场的构型。四极磁场中心点为一个鞍点,磁场强度为 0,不具有磁化作用。但由于波函数的连续性导致自旋函数 $S(r)$ 在中心点处必须连续。如果 $S(0)$ 有一定的量值,必然指向某个方向,但由于体系对称性,$S(0)$ 无论选择哪个方向都会破坏中心点处 $S(r)$ 的连续性。所以 $S(0)$ 只能取 0 才能满足连续性条件。因此 BECs 中心处的序参量呈现极化态 $(0,1,0)^{\mathrm{T}}$ 的形式,$m_F = 1$ 和 $m_F = -1$ 分量中心密度接近 0,形成涡旋核。没有旋转的情况下,为了满足角动量守恒,$m_F = 1$ 和 $m_F = -1$ 分量中心处 2 个涡旋必然反向旋转,所以具有相反的缠绕数,这便是中央极性涡旋态形成原因。

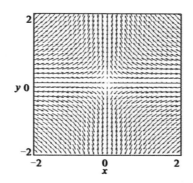

图 5-21　对应图 5-12(a)的自旋结构

　　图 5-22 中(a)和(b)分别是非旋转的 SU(2)自旋轨道耦合的自旋-1BEC 的拓扑荷密度分布和自旋纹理结构,其中 $B=0.2,k=1.8$,其对应的基态结构如图 5-13(c)所示。图 5-22(c)和(d)分别是图 5-22 中(b)的局部的放大。计算表明图 5-22 中(b)和(c)中的红色点位置的自旋纹理携带的拓扑荷的值为 $Q=0.5$,其表示半斯格明子(梅陇)[73,78]。同时,图 5-22 中(b)和(d)中的蓝色点位置的自旋纹理携带的拓扑荷的值为 $Q=-0.5$,其表示半反斯格明子(反梅陇)。显然图 5-22 中(b)中半斯格明子和半反斯格明子链沿着两条对角线组成有趣的十字交叉的半斯格明子-半反斯格明子晶格。

　　图 5-23(a)是非旋转的 SU(3)自旋轨道耦合的自旋-1BEC 的拓扑荷密度分布,其中 $B=0.2,k=1.5$,其对应的基态结构如图 5-13(e)所示。我们注意到图 5-13(e)中的密度分布和图 5-23(a)都关于 $y=0$ 轴呈近似对称(或反对称)。考虑到自旋纹理的有限分辨率,图 5-13(f)给出了 $y>0$ 区域的自旋纹理且所有自旋纹理中典型的局部的放大分别如图 5-23(c)和(d)所示。计算表明图 5-23 中(b)和(c)中的红色点位置的自旋纹理携带的拓扑荷的值为 $Q=0.5$,其表示半斯格明子[73,78],图 5-23 中(d)中的自旋纹理携带的拓扑荷的值为 $Q=-0.5$,其表示半反斯格明子。此外,图 5-23 中(b)中的自旋缺陷形成一个半斯格明子链。因此,对应图 5-13(e)的基态的所有的自旋纹理由一个半斯格明子链和一个半反斯格明子链组成,这两条链的夹角为 $2\pi/3$。我们称这种特殊的拓扑结构称为弯曲的半斯格明子半反斯格明子链。

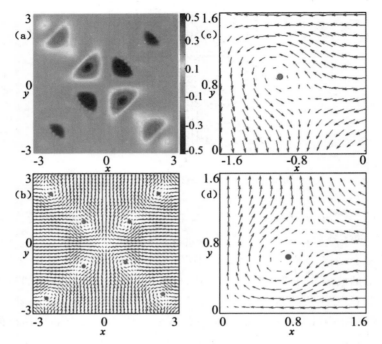

图 5-22　非旋转情形下的拓扑荷密度和自旋纹理,(a)拓扑荷密度,(b)对应图(a)的自旋纹理,(c)~(d)自旋纹理的局部放大。其基态结构如图 5-13(c)所示。其中蓝色点表示环形半反斯格明子(反梅隆),红色点表示半斯格明子(梅隆)

图 5-24(a)表示旋转情况下的拓扑荷密度,其基态结构如图 5-15(a)所示,考虑到有限的分辨率,图 5-24(b)给出了凝聚体中心区域的自旋纹理。(c)和(d)分别给出了自旋纹理中典型的局部的放大图。计算结果表明红色正方形框中的拓扑缺陷所携带的拓扑荷为 $Q=1$,其对应一个环形的斯格明子,绿色环形框中的拓扑缺陷所携带的拓扑荷为 $Q=0.5$,其对应一个半斯格明子,在物理上,图 5-24(b)所示的自旋纹理中红色正方形框中的斯格明子与与凝聚体中心区域的 Mermin-Ho 涡旋相关,三分量中心区域的缠绕数组合表示为 $[-2,-1,0]$。图 5-24(b)中心的环形的斯格明子被绿色圆形框中的六个半斯格明子环绕,其形成一个由半斯格明子组成的项圈状的涡旋环。同样的,三组分中对应每个半斯格明子的

涡旋的数量接近 1:1:1。实际上,数值结果计算表明,在图 5-24(b)的外层有一个更大的项圈状的半斯格明子环,如图 5-24(a)所示。因此,系统的拓扑结构是由一个中心的斯格明子和两个同心圆的环形的项圈状的半斯格明子链组成的项圈状的斯格明子-半斯格明子链。

图 5-25(a)和(b)分别表示拓扑荷密度和对应的自旋纹理,图 5-25(c)和(d)是(b)中局部自旋纹理的放大,其对应的基态结构如图 5-15(c)所示。每个绿色圆形框所在位置的自旋纹理携带的拓扑荷为 $Q=0.5$,其表示系统的拓扑结构关于斜对角线构成对称的半斯格明子晶格结构。

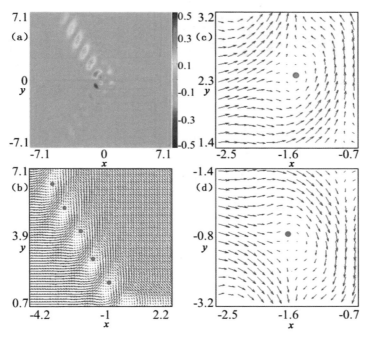

图 5-23　非旋转情形下的拓扑荷密度和自旋纹理,(a)拓扑荷密度,(b)对应图(a)的部分自旋纹理,(c)~(d)自旋纹理的局部放大,其基态结构如图 5-13(e)所示。其中蓝色点表示半反斯格明子(反梅隆),红色点表示半斯格明子(梅隆)

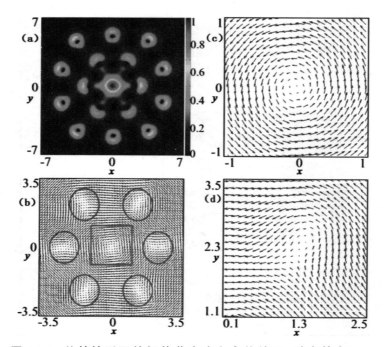

图 5-24　旋转情形下的拓扑荷密度和自旋纹理,对应基态 5-15
(a)的的自旋结构,(a)拓扑荷密度,(b)图(a)对应的自旋纹理,其
中红色框表示环形的斯格明子,绿色框表示半斯格明子。(c)和
(d)分别表示红色框和绿色框的放大

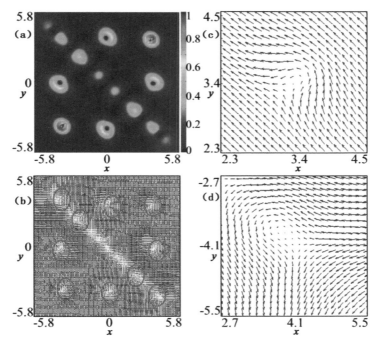

图 5-25　旋转情形下的拓扑荷密度和自旋纹理，对应基态 5-15(c)的的自旋结构，(a)拓扑荷密度，(b)对应图(a)的自旋纹理，绿色圆形框表示半斯格明子，(c)和(d)分别表示(b)中典型的局部自旋纹理放大

　　图 5-26(a)给出了对应图 5-16(a)的基态结构的拓扑荷密度，图 5-26(b)是对应图 5-26(a)的自旋纹理。(c)和(d)是(b)的局部自旋纹理的放大。图5-26(b)中每个绿色圆形框位置处的自旋纹理所携带的拓扑荷为 $Q=0.5$[如图 5-26(d)所示]，其对应是半斯格明子结构，而 5-26(b)中黄色方形框位置处的自旋纹理所携带的拓扑荷为 $Q=1$，其对应是双曲型斯格明子结构[如图 5-26(c)所示]。双曲型斯格明子和三个半斯格明子共同形成非对称的斯格明子-半斯格明子晶格。这里，旋转的作用使自旋偏离面内极化，所以图 5-26(b)由一个 $(1_{-1}, 1_0, 1_{-1})_3$ 涡旋结构(如黄色方形框位置处所示)和三个 $(1_1, 1_0, 1_{-1})_3$ 涡旋结构(如绿色圆形框所示)组成。此外，由于四极磁场的磁化方向不同，在两个相邻的绿色圆形框中的自旋流的方向相反。以上的两点共同解释了图 5-26(b)中不对称的斯格明子-半斯格明子晶格的产生。

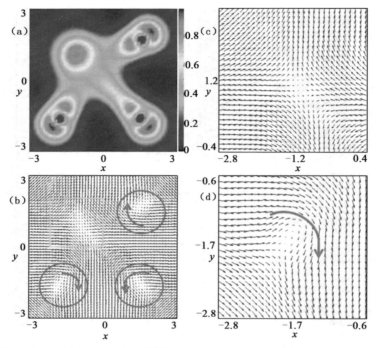

图 5-26 旋转情形下的拓扑荷密度和自旋纹理,对应基态 5-16(a)的
的自旋结构,(a)拓扑荷密度,(b)对应图(a)的自旋纹理,其中黄色方
框表示双曲型斯格明子,绿色圆形框表示半斯格明子。(c)和(d)分
别表示黄色方框和绿色圆形框所在位置处的局部自旋纹理的放大

  图 5-27 是对应基态如图 5-17(a)的自旋结构。$m_F = -1$,$m_F = 0$,
$m_F = 1$ 三成分中的涡旋分别是 0、1 和 2,其中 $m_F = 0$ 成分中的涡旋在
凝聚体的中心处,$m_F = -1$ 成分的涡旋分布于凝聚体中心处的两端且
在经过中心处的对角链上,其构成$(0_1, 1_0, 2_{-1})_3$ 结构。通过计算,绿色
框里的自旋纹理携带的拓扑荷是 $Q = 0.5$,其形成的结构是半斯格明子
晶格结构。

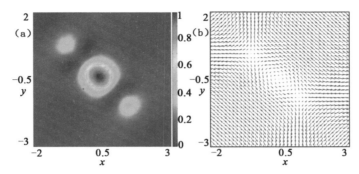

图 5-27　(a)拓扑荷密度,(b)图(a)对应的自旋纹理,其对应基态如图 5-17(a)的所示

目前系统中的拓扑激发是明显不同于用随机投影的 GP 方程描述的各向同性或各向异性的淬火的确定温度自旋-1BECs 中的拓扑激发[78,189]。这里,物理系统是一个平面四极磁场中旋转 SU(2)和 SU(3)的零度的铁磁自旋-1BECs。由于平面四极磁场的作用,自旋纹理的拓扑激发不仅包括半斯格明子激发而且包括半反斯格明子激发,同时还包括斯格明子激发,其中自旋缺陷形成例如纵横交错的半斯格明子-半反斯格明子的拓扑结构[图 5-22(b)],一个弯曲的半斯格明子-半反斯格明子(梅陇-反梅陇)链(图 5-23),一个项圈状的斯格明子-半斯格明子(斯格明子-梅陇)环(图 5-24),一个对称的半斯格明子(梅陇)晶格(图 5-25)和一个非对称的斯格明子-半斯格明子(斯格明子-梅陇)晶格(图 5-26)。此外,对于淬火的确定温度的自旋-1 的 BECs[78,189],仅当旋转频率和自旋轨道耦合强度大于某个特定值时,才能产生半斯格明子激发。但是,结果表明在平面四极磁场的作用下,半斯格明子(梅陇)在不存在旋转的情况下[图 5-13(c)、(e),图 5-22,图 5-23]或不存在自旋轨道耦合的情况[如图 5-16(a)和图 5-26]也能产生。因此,本系统具有更丰富的量子相位和新颖的物理性质。

5.3 本章小结

本章系统地研究了平面四极磁场中铁磁自旋相互作用下,旋转的 SU(2) 和 SU(3) 自旋轨道耦合的自旋-1BECs 的拓扑激发和自旋纹理。由于存在多组分的序参量以及平面四极磁场、SU(2) 和 SU(3) 自旋轨道耦合和旋转的相互作用,该系统能够产生丰富的拓扑结构。

(1) 固定旋转频率[固定 SU(2) 自旋轨道耦合强度]情形下,随着 SU(2) 自旋轨道耦合强度(旋转频率)的增加,BECs 三成分中的涡旋也将由于自旋轨道耦合效应而相互作用,涡旋绕凝聚体中心一圈圈向外排列形成花瓣状斑图。固定旋转频率[固定 SU(3) 自旋轨道耦合强度]的情况下,随着 SU(3) 自旋轨道耦合强度(旋转频率)的增强,涡旋绕凝聚体中心形成三条夹角近似 120 度夹角的涡旋链,且链上的涡旋数目增加。其余的涡旋均匀地分布在三条涡旋链的两侧。

(2) 不存在旋转时,对于固定 SU(2) 自旋轨道耦合强度的 BECs,随着平面四极磁场强度的增加,系统发生相变,从具有亮孤子的无核的机型核涡旋态转变成一个具有暗孤子的奇异的极性核涡旋态。而对于 SU(3) 的 BECs,增强的平面四极磁场将驱使系统从涡旋-反涡旋簇态转化成极性核涡旋态。

(3) 不存在旋转且平面四极磁场强度固定时,随着 SU(2) 自旋轨道耦合强度的增加,系统首先从一个中心 Mermin-Ho 涡旋态转换成一个中心的极性核涡旋的态,进而转换成纵横交错的涡旋-反涡旋串晶格;相比之下,增大的 SU(3) 自旋轨道耦合强度能够导致系统的相变,从涡旋-反涡旋簇态转换成弯曲的涡旋-反涡旋链。

(4) 对于存在旋转的 BECs,本章中给出了以平面四极磁场强度与 SU(2) 自旋轨道耦合强度为变化参数的基态相图。研究表明,旋转的系统能产生四种典型的量子相:旋转对称的涡旋项链、对角的涡旋链簇态、单个对角涡旋链和少涡旋态。研究发现,对于旋转系统,平面四极磁场抑制涡旋的产生,而自旋轨道耦合和旋转的作用有利于提高对角化涡旋链的产生。因此,旋转、自旋轨道耦合以及平面四极磁场作为三个重要的自由度,能被精确调控以获得预期的基态相。并且可以用来操控不同基态相之间的相变。

（5）多分量系统在平面四极磁场，自旋轨道耦合以及旋转的共同作用下呈现出奇特的拓扑结构和自旋纹理，如半量子涡旋、涡旋串、涡旋项链、由巨涡旋和隐藏的反涡旋链组成的复杂涡旋晶格、不同类型的斯格明子、纵横交错的半斯格明子-半反斯格明子（梅陇-反梅陇）晶格、弯曲的半斯格明子-半反斯格明子（梅陇-反梅陇）链、斯格明子-半斯格明子（斯格明子-梅陇）项链以及复合梅陇-反梅陇晶格等。

以上这些有趣的发现丰富了玻色凝聚体系统的相图，并且带给了人们对超冷原子气体和凝聚态物理中的拓扑激发的新认识。

第6章 旋转的环形阱中自旋轨道耦合自旋-1BECs 的动力学

近几年来,环形阱作为一种新型的非单连通囚禁势,具有精确的实验可控特性,能导致许多量子少体和量子多体现象,如非平庸的拓扑结构等,吸引了冷原子物理实验和理论科研人员的关注[48,115,123]。到目前为止,关于环形阱中 BECs 的绝大多数研究都是聚焦于体系的定态结构,而有关系统的量子动力学的研究则非常少。本章考察旋转的环形阱中自旋轨道耦合自旋-1BECs 的动力学。我们的研究不仅可以获得体系的稳态结构,更重要的是还可以考察体系从初态经历一个非平衡态演化最终达到平衡态的详细物理过程和有趣的动力学性质,有助于深层次理解环形阱中 SOC BECs 的量子力学行为。事实上,研究量子体系的动力学过程中有趣的物理性质目前已逐渐成为了一个热点,比如近来相关研究组观察到了淬火的自旋轨道耦合 BECs 中的 Zitterbewegung 振荡[59]和淬火的自旋轨道耦合的简并费米气体中的动力学拓扑相[190]等。

6.1 理论模型

考虑两维环形阱中平面四极磁场作用下自旋轨道耦合自旋 $F=1$ 的 BECs,可以用虚时传播方法得到系统的基态。在系统制备到基态后,突然让系统旋转起来,在旋转坐标系下系统的动力学可用以下 GP 方程描述[108,111]

$$(i-\gamma)\hbar\frac{\partial\Psi}{\partial t}=H\Psi \tag{6-1}$$

这里采用了一个唯相的耗散模型[108,111],该模型不仅能够求解旋转系统的稳态结构,而且还可以考察系统由开始旋转至达到平衡整个过程中的动力学。此外,这个模型还考虑了实际冷原子实验中不可避免的耗散效应。式(6-1)中 γ 表示系统的耗散系数,系统的哈密顿量表示为 $H = H_0 + H_{int}$,其中

$$H_0 = \int \mathrm{d}\mathbf{r}\Psi^{\dagger}\left(-\frac{\hbar^2\nabla^2}{2m} + V(r) + v_{so} - \Omega L_z + g_F\mu_B B(r)\cdot f\right)\Psi$$

$$H_{int} = \int \mathrm{d}\mathbf{r}\left(\frac{c_0}{2}n^2 + \frac{c_2}{2}\mid F\mid^2\right) \qquad (6\text{-}2)$$

这里,环形势阱其表达式为[48,123]

$$V(r) = \frac{1}{2}\hbar\omega\left[V_0\left(\frac{r^2}{a_0^2} - r_0\right)^2\right] \qquad (6\text{-}3)$$

式中,$\omega_{\perp}$ 为径向振荡频率,单位长度 $a_0 = \sqrt{\dfrac{\hbar}{\omega_{\perp}}}$,$r = \sqrt{x^2 + y^2}$。$V_0$ 和 r_0 为无量纲化后的常数,分别表示环形阱的中心高度和宽度。式(6-2)中除了 $V(r)$ 表示环形阱[如式(6-3)所示],其他参量的意义和第 5 章 5.1 中模型对应的量完全一样,这里的 SU(2) 自旋轨道耦合,其表达式为 $v_{so} = k_x f_x p_x + k_y f_y p_y$,其中 k 为耦合强度。对于平面四极磁场中 SU(2) 自旋轨道耦合的 BECs,其动力学的无量纲化 GP 方程组的表达式

$$i\frac{\partial\psi_1}{\partial t} =$$

$$\left[-\frac{1}{2}\nabla^2 + V + i\Omega(x\partial_y - y\partial_x) + \lambda_0\mid\psi\mid^2 + \lambda_2(\mid\psi_1\mid^2 + \mid\psi_0\mid^2 + \mid\psi_{-1}\mid^2)\right]\psi_1$$

$$+ [B(x+iy) + k(-i\partial_x - \partial_y)]\psi_0 + \lambda_2\psi_{-1}^*\psi_0^2$$

$$i\frac{\partial\psi_0}{\partial t} = \left[-\frac{1}{2}\nabla^2 + V + i\Omega(x\partial_y - y\partial_x) + \lambda_0\mid\psi\mid^2 + \lambda_2(\mid\psi_1\mid^2 + \mid\psi_{-1}\mid^2)\right]\psi_0$$

$$+ [B(x-iy) + k(-i\partial_x + \partial_y)]\psi_1$$

$$+ [B(x+iy) + k(-i\partial_x - \partial_y)]\psi_{-1} + 2\lambda_2\psi_1\psi_{-1}\psi_0^*$$

$$i\frac{\partial\psi_{-1}}{\partial t} = \left[-\frac{1}{2}\nabla^2 + V + i\Omega(x\partial_y - y\partial_x) + \lambda_0\mid\psi\mid^2\right.$$

$$\left. + \lambda_2(\mid\psi_{-1}\mid^2 + \mid\psi_0\mid^2 + \mid\psi_1\mid^2)\right]\psi_{-1}$$

$$+ [B(x-iy) + k(-i\partial_x + \partial_y)]\psi_0 + \lambda_2\psi_1^*\psi_0^2 \qquad (6\text{-}4)$$

其中,无量纲化过程和 5.1 无量纲化过程一样,故在这里不再赘述。

6.2 数值结果分析与讨论

在计算中,通过采用虚时传播法分别得到环形阱中各向同性两维 SU(2)自旋轨道耦合自旋-1BECs 的基态结构,以及环形阱中平面四极磁场作用下各向同性两维 SU(2)自旋轨道耦合自旋-1BECs 的基态结构。为考察动力学,在两种系统分别制备到基态后,某一时刻突然让这两种体系分别旋转起来,从而得到旋转的自旋轨道耦合自旋-1BECs 平衡时的稳态结构和旋转的平面四极磁场中自旋轨道耦合自旋-1BECs 平衡时的稳态结构,并且还可以考察在两种情形下体系由开始旋转至达到平衡整个过程中的动力学。式(6-4)中耗散系数 γ 的不同取值不影响涡旋变化的动力学和最终的稳定的涡旋结构,数值计算中,耗散系数 $\gamma=0.03$,对应实验则约为 $0.01T_c$。这里,考虑到强束缚的环形阱,其中 $V_0=5$ 和 $r_0=3$ 为无密度-密度相互作用和自旋为-交换相互作用分别取值为 $\lambda_0=2000$ 和 $\lambda_2=-100$。

6.2.1 旋转的环形阱中自旋轨道耦合自旋-1BECs 的动力学

图 6-1(a)给出了环形阱中自旋轨道耦强度。$k=2$ 时自旋 $F=1$BECs 基态结构的密度分布和对应的相位分布。自旋 $m_F=1, m_F=0$ 和 $m_F=-1$ 三分量中各有一对涡旋-反涡旋产生。图 6-1(b)~(f)是在制备好基态后,突然让体系旋转起来,实时动力学演化过程中不同时刻系统的结构。与基态图 6-1(a)相比,发现图 6-1(b)~(c)凝聚体密度由于表面波激发产生剧烈的湍流振荡,凝聚体的表面有鬼涡旋形成。随着时间的演化,鬼涡旋进入原子云内部变成显涡旋,呈无规则分布[图 6-1(d)]。随着时间的继续演化,密度分布逐渐变得规则,相位缺陷逐渐向阱中心聚集形成多量子涡旋[图 6-1(e)]。随着时间的继续增加,体系最终达到旋转的自旋轨道耦合自旋 $F=1$BECs 动力学稳态结果[图 6-1(f)],自旋 $m_F=1, m_F=0$ 和 $m_F=-1$ 凝聚体三分量的中心分别呈现 8, 7, 6 个巨量子涡旋的稳定结构。

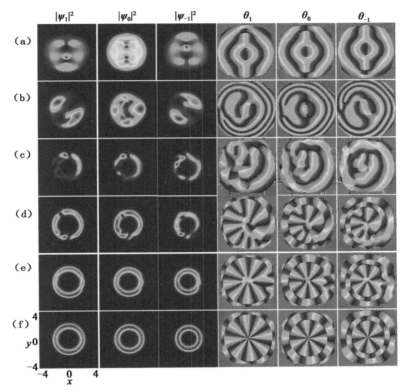

图 6-1　旋转的 **SU(2)** 自旋轨道耦合自旋 $F=1$BECs 的动力学演化。其中旋转频率 $\Omega=1$，前三列分别表示自旋 $m_F=1$，$m_F=0$ 和 $m_F=-1$ 三分量的密度，后三列分别表示对应的相位分布。(a) 是 **SU(2)** 自旋轨道耦合强度 $k=2$ 的 BECs 的基态结构，(b)～(f) 是动力学结构，其依次对应 $t=0.8$，$t=1$，$t=3$，$t=10$ 和 $t=600$ 的密度和相位分布

6.2.2　旋转的环形阱中平面四极磁场作用下自旋轨道耦合自旋-1BECs 的动力学

图 6-2(a) 给出了环形阱中平面四极磁场作用下 SU(2) 自旋轨道耦合强度 $k=2$ 时自旋 $F=1$BECs 基态结构的密度分布和对应的相位分布，涡旋仅出现在自旋 $m_F=1$ 和 $m_F=-1$ 成分的中心且缠绕数相反，形成极性核涡旋态。图 6-2(b)～(g) 是在制备好平面四极磁场中 SU(2)

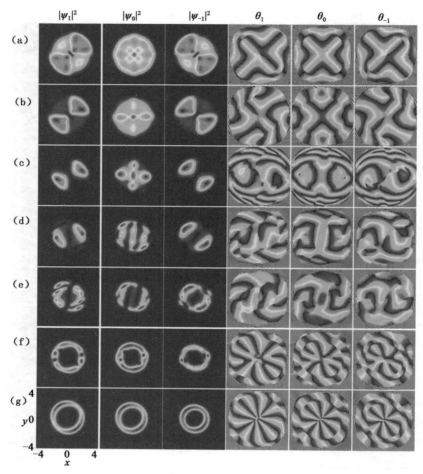

图 6-2   旋转的平面四极磁场中 SU（2）自旋轨道耦合自旋 $F =$ 1BECs 的动力学演化。其中旋转频率 $\Omega = 1$，前三列分别表示自旋 $m_F = 1, m_F = 0$ 和 $m_F = -1$ 三分量的密度，后三列分别表示对应的相位分布。（a）是 SU（2）自旋轨道耦合强度 $k = 2$，平面四极磁场强度 $B = 0.5$ 的 BECs 的基态结构，（b）~（g）是动力学结构，其依次对应 $t = 0.4, t = 1, t = 2, t = 3, t = 30$ 和 $t = 600$ 的密度和相位分布

自旋轨道耦合的 BECs 基态后突然让体系旋转起来，不同时刻的动力学结构。图 6-1（b）~（c）分别表示在 $t = 0.4$ 和 $t = 1$ 对应的密度和对应的相位分布，从密度分布来看，凝聚体中的密度逐渐发生分裂，自旋 $m_F = 1$ 和

$m_F = -1$ 成分的密度分布呈斜对角对称,自旋 $m_F = 0$ 成分的密度分布关于 x 和 y 轴均对称[图 6-2(b)前三行],凝聚体的表面有鬼涡旋形成。随着时间继续演化,凝聚体密度由于表面波激发产生剧烈的湍流振荡,分裂呈不规则的形状[图 6-2(d)~(e)前三行],相位分布中的涡旋数量增加,仍呈不规则的分布[图 6-2(d)~(e)后三行]。随着时间的继续增加,凝聚体的密度分布逐渐变得有规则,并最终达到旋转的自旋 $F = 1$BECs 动力学稳态结果[图 6-2(g)],自旋 $m_F = 1, m_F = 0$ 和 $m_F = -1$ 凝聚体三分量的涡旋排列在横穿凝聚体中心的斜对角线上。

本章小结

本章中,研究了旋转的环形阱中自旋轨道耦合自旋-1BECs 的动力学。

首先,考虑各向同性两维 SU(2)自旋轨道耦合的自旋 F=1BECs,利用虚时传播法求解出系统的基态,为考察动力学,在制备好基态后突然让体系旋转起来,从而得到旋转的自旋轨道耦合自旋-1BECs 达到平衡时的稳态结构。旋转的早期阶段,凝聚体密度由于表面波激发产生剧烈的湍流振荡,凝聚体表面有鬼涡旋形成。随着时间的继续演化,鬼涡旋进入原子云内部,变成显涡旋,呈无规则分布。随着时间的演化,密度分布逐渐变得比较规则,相位缺陷逐渐向阱中心聚集形成多量子涡旋,最终体系形成稳定对称的三组分涡旋量子数依次相差为 1 的巨涡旋结构。

其次,考虑平面四极磁场中各向同性两维 SU(2)自旋轨道耦合的自旋 $F=1$BECs 的基态,采用虚时传播法求解出系统的基态,为考察动力学,在制备好基态后突然让体系旋转起来,从而得到旋转的平面四极磁场作用下自旋轨道耦合自旋-1BECs 达到平衡时的稳态结构。旋转的早期阶段凝聚体密度分裂成规则的图形,随着时间的演化,由于凝聚体表面波激发产生剧烈的湍流振荡,分裂呈不规则的形状相位分布中的涡旋数量增加,仍呈不规则的分布。随着时间的继续演化,密度分布逐渐变得比较规则,相位缺陷形成稳定的横穿凝聚体中心的斜对角线上涡旋结构。

结　论

　　自旋轨道耦合的超冷原子气体具有丰富的新颖量子态和奇特物性，是现代物理学的前沿研究热点之一。特别地，该体系具有超高的纯度、量子相干性和高度的可操控性等特点，对于物理学的基础研究、新型信息存储量子器件的设计以及新型材料的仿真模拟等方面具有重要的意义。本书分别研究了环形阱中自旋轨道耦合偶极 BECs 的基态性质和旋转的偶极 BECs 的基态结构，考察了旋转的两维光晶格中 Rashba-Dresselhaus 自旋轨道耦合 BECs 的拓扑激发，探讨了平面四极磁场中旋转的自旋轨道耦合自旋-1BECs 的拓扑激发和自旋纹理，考察了旋转的环形阱中自旋轨道耦合自旋-1BECs 的动力学。主要结论和创新点总结如下：

　　(1)对于环形阱中含有自旋轨道耦合(SOC)和偶极-偶极相互作用(DDI)的 BECs，重点研究了 SOC 和 DDI 的共同作用对系统基态性质的影响，给出了以 SOC 强度和 DDI 强度为变化参数的基态相图。研究表明，SOC 和 DDI 作为两个新的自由度，能够被精确调控以获得预期的基态相，并且可用来操控不同基态相之间的相变。特别地，该体系展现出奇特的拓扑结构和自旋纹理，包括半量子涡旋、涡旋串、涡旋项链、由巨涡旋和隐藏的反涡旋链组成的复杂涡旋晶格、不同类型的斯格明子、梅陇(半斯格明子)-反梅陇(半反斯格明子)项链以及复合梅陇-反梅陇晶格等。对于旋转的环形阱中含有 DDI 的 BECs，研究发现 DDI 和旋转的共同作用能够产生巨涡旋，且随着偶极-偶极排斥相互作用或旋转频率的增大或者二者的共同增大，BECs 中巨涡旋包含的量子数也增加。体系有巨斯格明子形成，其携带的拓扑荷等于其所包围的区域内两分量环流量子数之差的绝对值。由于基态是稳定的，并且与其他的定态相比具有更长的寿命，因此该系统的拓扑结构和自旋纹理有望在将来的实验中被观测和检验。

　　（2）对于两维光晶格和简谐势阱构成的组合势阱中旋转的 Rashba-Dresselhaus 自旋轨道耦合 BECs，分别考察了各向同性两维 Rashba-Dresselhaus 自旋轨道耦合（RD-SOC）、各向异性两维 RD-SOC、一维 RD-SOC 三种情形下系统基态的拓扑结构。研究发现，无旋转情形下，对于初始相混合的 BECs，小的各向同性两维 RD-SOC 能够导致鬼涡旋的产生。而对于初始相分离的 BECs，小的各向同性两维 RD-SOC 将导致矩形的涡旋-反涡旋晶格的形成。当两维 RD-SOC 强度增大时，对于前者，体系中有显涡旋或者两维的涡旋-反涡旋链形成，而对于后者，矩形涡旋-反涡旋晶格将演化成涡旋-反涡旋环。对于具有固定的两维 RD-SOC 强度的初始相分离 BECs，旋转频率的增大能够导致体系的拓扑结构相变，从方形涡旋晶格转变成不规则的三角形涡旋晶格，以及两组分 BECs 的空间结构变化，系统由初始相分离演变成相混合。对于一维 RD-SOC BECs，随着一维 RD-SOC 强度的增大，旋转频率的增大或者两者同时增大，系统将形成涡旋链和相混合。与此同时，分别讨论了各种情形典型的自旋纹理。研究表明，系统支持新颖的自旋纹理和斯格明子结构，包括奇特的斯格明子-半斯格明子晶格（斯格明子-梅陇晶格）、复杂的梅陇晶格、斯格明子链和 Bloch 畴壁等。考虑到该体系具有各种新颖的拓扑缺陷，随着实验技术的不断发展，预期这些奇特的拓扑激发能够在未来实验中被观测到。

　　（3）研究了平面四极磁场中铁磁自旋相互作用下旋转的自旋轨道耦合自旋-1BECs 的拓扑激发和自旋纹理。无旋转时，对于固定 SU（2）SOC 强度的 BECs，随着平面四极磁场强度的增加，系统将发生相变，从具有亮孤子的无核的极性核涡旋态转变成一个具有暗孤子的奇异的极性核涡旋态。而对于 SU（3）SOC 情形，增强的平面四极磁场将驱使系统从涡旋-反涡旋簇态进入极性核涡旋态。当不存在旋转且平面四极磁场强度固定时，随着 SU（2）SOC 强度的增大，系统从一个中心 Mermin-Ho 涡旋态转变成纵横交错的涡旋-反涡旋串晶格。相比之下，增大的 SU（3）SOC 强度能够导致系统的相变，从涡旋-反涡旋簇态转化成弯曲的涡旋-反涡旋链。对于旋转情形，我们给出了一个以平面四极磁场强度和 SU（2）SOC 强度为变化参数的基态相图。研究表明，旋转的系统能够产生四种典型的量子相：旋转对称的涡旋项链、对角的涡旋链簇态、单个对角涡旋链和少涡旋态。此外，该体系支持新颖的自旋纹理和斯格明子结构，如纵横交错的半斯格明子-半反斯格明子（梅陇-反梅陇）晶格、弯曲的半斯格明子-半反斯格明子(梅陇-反梅陇)链、斯格明子-半斯格明子(斯格明子-梅陇)项链、对称的半斯格明子(梅陇)晶格以及非对称的斯格明子-半斯格明子(斯格明子-梅陇)晶格等。

(4)研究了旋转的环形阱中自旋轨道耦合自旋-1BECs 的动力学。对于各向同性两维 SU(2)SOC 的自旋-1BECs,研究表明,在旋转的早期阶段,凝聚体密度由于表面波激发产生剧烈的湍流振荡,凝聚体的表面有鬼涡旋形成。然后,鬼涡旋开始进入原子云内部变成显涡旋,呈无规则分布。随着时间的演化,密度分布逐渐变得比较规则,相位缺陷逐渐向阱中心聚集形成多量子涡旋。最后,体系形成稳定对称的三组分涡旋量子数依次相差为 1 的巨涡旋结构。

本书丰富了人们对自旋轨道耦合超冷原子气体的基态相、拓扑激发、自旋缺陷、相变和动力学等物理特性的理解,为相关实验提供了理论依据与参考。

今后的工作可以推广到具有高自旋 BEC 体系,以及不同自旋轨道耦合形式的玻色气体等,如 Rashba 自旋轨道耦合和旋转作用下的铁磁和反铁磁自旋-2BECs 中新奇的拓扑结构研究。此外,在冷原子平台上研究具有种内和种间具有长程相互作用的拓扑缺陷也是未来的一个方向。

参考文献

［1］ Einstein A. Quantum theory of the monatomic ideal gas[J]. Sitzungsber. Kgl. Preuss. Akad. Wiss. ,1924:261-267.

［2］ Einstein A. Quantum Theory of a Monoatomic Ideal Gas A Translation of Quantentheorie Des Einatomigen Idealen Gases[J]. Sitzungsber. Kgl. Preuss. Akad. Wiss,1925,1:3-14

［3］ London F. The λ-phenomenon of liquid helium and the Bose-Einstein degeneracy[J]. Nature,1938,141(3571):643-644.

［4］ Tisza L. Transport phenomena in helium II[J]. Nature,1938. 141(3577):913-913.

［5］ Anderson M H,Ensher J R,Matthews M R,et al. Observation of Bose-Einstein condensation in a dilute atomic vapor[J]. Science, 1995,269(5221):198-201.

［6］ Davis K B,Mewes M O,Andrews M R,et al. Bose-Einstein condensation in a gas of sodium atoms[J]. Physical review letters, 1995,75(22):3969.

［7］ Bradley C C,Sackett C A,Tollett J J,et al. Evidence of Bose-Einstein condensation in an atomic gas with attractive interactions[J]. Physical review letters,1995,75(9):1687.

［8］ Fried D G,Killian T C,Willmann L,et al. Bose-Einstein condensation of atomic hydrogen[J]. Physical Review Letters, 1998, 81 (18):3811.

［9］ Robert A,Sirjean O,Browaeys A,et al. A Bose-Einstein Condensate of Metastable Atoms [J]. Science,2001,292(5516):461-464

［10］ Modugno G,Ferrari G,Roati G,et al. Bose-Einstein condensation of potassium atoms by sympathetic cooling[J]. Science,2001,

294(5545):1320-1322.

[11] Weber T, Herbig J, Mark M, et al. Bose-Einstein condensation of cesium[J]. Science, 2003, 299(5604):232-235.

[12] Takasu Y, Maki K, Komori K, et al. Spin-singlet Bose-Einstein condensation of two-electron atoms[J]. Physical Review Letters, 2003, 91(4):040404.

[13] Griesmaier A, Werner J, Hensler S, et al. Bose-Einstein condensation of chromium[J]. Physical Review Letters, 2005, 94(16):160401.

[14] Wang P, Yu Z Q, Fu Z, et al. Spin-orbit coupled degenerate Fermi gases[J]. Physical review letters, 2012, 109(9):095301.

[15] Huang L, Meng Z, Wang P, et al. Experimental realization of two-dimensional synthetic spin-orbit coupling in ultracold Fermi gases[J]. Nature Physics, 2016, 12(6):540-544.

[16] Wu Z, Zhang L, Sun W, et al. Realization of Two-dimensional Spin-orbit Coupling for Bose-Einstein Condensates[J]. Science, 2016, 354(6308):83-88.

[17] Luo X, Wu L, Chen J, et al. Tunable atomic spin-orbit coupling synthesized with a modulating gradient magnetic field[J]. Scientific reports, 2016, 6(1):1-8.

[18] Lin Y J, Jiménez-García K, Spielman I B. Spin-Orbit-Coupled Bose-Einstein Condensates. [J] Nature, 2011, 471:83-86.

[19] Li J R, Lee J, Huang W, et al. A stripe phase with supersolid properties in spin-orbit-coupled Bose-Einstein condensates[J]. Nature, 2017, 543(7643):91-94.

[20] Cheuk L W, Sommer A T, Hadzibabic Z, et al. Spin-injection spectroscopy of a spin-orbit coupled Fermi gas[J]. Physical Review Letters, 2012, 109(9):095302.

[21] Zhai H. Degenerate quantum gases with spin-orbit coupling: a review[J]. Reports on Progress in Physics, 2015, 78(2):026001.

[22] Ho T L, Zhang S. Bose-Einstein condensates with spin-orbit interaction[J]. Physical review letters, 2011, 107(15):150403.

[23] Sinha S, Nath R, Santos L. Trapped two-dimensional condensates with synthetic spin-orbit coupling[J]. Physical review letters,

2011,107(27):270401.

[24] Kawakami T,Mizushima T,Nitta M,et al. Stable Skyrmions in S U(2)Gauged Bose-Einstein Condensates[J]. Physical review letters,2012,109(1):015301.

[25] Stringari S. Diffused vorticity and moment of inertia of a spin-orbit coupled Bose-Einstein condensate[J]. Physical review letters,2017,118 (14):145302.

[26] Kartashov Y V,Konotop V V. Solitons in bose-einstein condensates with helicoidal spin-orbit coupling[J]. Physical review letters,2017, 118(19):190401.

[27] Ruokokoski E,Huhtamäki J A M,Möttönen M. Stationary states of trapped spin-orbit-coupled Bose-Einstein condensates [J]. Physical Review A,2012,86(5):051607.

[28] Li X,Liu W V,Balents L. Spirals and skyrmions in two dimensional oxide heterostructures[J]. Physical review letters,2014,112 (6):067202.

[29] Aftalion A,Mason P. Phase diagrams and Thomas-Fermi estimates for spin-orbit-coupled Bose-Einstein condensates under rotation [J]. Physical Review A,2013,88(2):023610.

[30] Jiang X,Fan Z,Chen Z,et al. Two-dimensional solitons in dipolar Bose-Einstein condensates with spin-orbit coupling[J]. Physical Review A,2016,93(2):023633.

[31] Poon T F J,Liu X J. Quantum spin dynamics in a spin-orbit-coupled Bose-Einstein condensate[J]. Physical Review A,2016,93 (6):063420.

[32] Sakaguchi H,Umeda K. Solitons and Vortex Lattices in the Gross-Pitaevskii Equation with Spin-Orbit Coupling under Rotation [J]. Journal of the Physical Society of Japan,2016,85(6):064402.

[33] Liu C F,Juzeliūnas G,Liu W M. Spin-orbit coupling manipulating composite topological spin textures in atomic-molecular Bose-Einstein condensates[J]. Physical Review A,2017,95(2):023624.

[34] Yang S,Wu F,Yi W,et al. Two-body bound state of ultracold Fermi atoms with two-dimensional spin-orbit coupling[J]. Physical Review

A,2019,100(4):043601.

[35] Kato Y K,Myers R C,Gossard A C,et al. Observation of the spin Hall effect in semiconductors[J]. Science, 2004, 306(5703): 1910-1913.

[36] Xiao D,Chang M C,Niu Q. Berry phase effects on electronic properties[J]. Reviews of modern physics,2010,82(3):1959.

[37] Bernevig B A,Hughes T L,Zhang S C. Quantum spin Hall effect and topological phase transition in HgTe quantum wells[J]. Science,2006,314(5806):1757-1761.

[38] Hsieh D,Qian D,Wray L,et al. A topological Dirac insulator in a quantum spin Hall phase[J]. Nature,2008,452(7190):970-974.

[39] Qi X L,Zhang S C. Topological insulators and superconductors[J]. Reviews of Modern Physics,2011,83(4):1057.

[40] Wang C,Gao C,Jian C M,et al. Spin-orbit coupled spinor Bose-Einstein condensates[J]. Physical review letters,2010,105(16): 160403.

[41] Xu X Q,Han J H. Spin-orbit Coupled Bose-Einstein Condensate under Rotation[J]. Phys. Rev. Lett. ,2011,107(20):200401.

[42] Zhou X F,Zhou J,Wu C. Vortex structures of rotating spin-orbit-coupled Bose-Einstein condensates[J]. Physical Review A,2011, 84(6):063624.

[43] Hu H,Ramachandhran B,Pu H,et al. Spin-orbit coupled weakly interacting Bose-Einstein condensates in harmonic traps[J]. Physical Review Letters,2012,108(1):010402.

[44] Sakaguchi H,Malomed B A. Flipping-shuttle oscillations of bright one-and two-dimensional solitons in spin-orbit-coupled Bose-Einstein condensates with Rabi mixing[J]. Physical Review A,2017,96 (4):043620.

[45] Gautam S,Adhikari S K. Three-dimensional vortex-bright solitons in a spin-orbit-coupled spin-1 condensate[J]. Physical Review A,2018,97(1):013629.

[46] Xu Y,Mao L,Wu B,et al. Dark solitons with Majorana fermions in spin-orbit-coupled Fermi gases[J]. Physical Review Letters,

2014,113(13):130404.

[47] Ramachandhran B,Opanchuk B,Liu X J,et al. Half-quantum vortex state in a spin-orbit-coupled Bose-Einstein condensate[J]. Physical Review A,2012,85(2):023606.

[48]Wang H,Wen L,Yang H,et al. Vortex states and spin textures of rotating spin-orbit-coupled Bose-Einstein condensates in a toroidal trap[J]. J. Phys. B,2017,50(15):155301.

[49] Lin Y J,Compton R L,Jiménez-García K,et al. Synthetic magnetic fields for ultracold neutral atoms[J]. Nature,2009,462 (7273):628-632.

[50] 张进一. 量子气体在自旋轨道耦合下的实验研究[D]. 合肥:中国科学技术大学博士学位论文:2013:25-27.

[51] 朱起忠. 玻色爱因斯坦凝聚体超流性质[D]. 北京:北京大学博士学位论文,2015:3-37.

[52] 李吉. 自旋-轨道耦合旋量玻色-爱因斯坦凝聚体中的新奇量子态[D]. 北京中国科学院大学博士学位论文:2018:3-36.

[53] Wu Z,Zhang L,Sun W,et al. Realization of two-dimensional spin-orbit coupling for Bose-Einstein condensates[J]. Science,2016, 354(6308):83-88.

[54] Lan Z,Öhberg P. Raman-dressed spin-1 spin-orbit-coupled quantum gas[J]. Physical Review A,2014,89(2):023630.

[55] Xu Z F,You L. Dynamical generation of arbitrary spin-orbit couplings for neutral atoms[J]. Physical Review A,2012,85(4):043605.

[56] Anderson B M,Juzeliūnas G,Galitski V M,et al. Synthetic 3D spin-orbit coupling[J]. Physical review letters,2012,108(23):235301.

[57] Anderson B M,Spielman I B,Juzeliūnas G. Magnetically generated spin-orbit coupling for ultracold atoms[J]. Physical review letters,2013,111(12):125301.

[58] Beeler M C,Williams R A,Jimenez-Garcia K,et al. The spin Hall effect in a quantum gas[J]. Nature,2013,498(7453):201-204.

[59] Qu C,Hamner C,Gong M,et al. Observation of Zitterbewegung in a spin-orbit-coupled Bose-Einstein condensate[J]. Physical Review A,2013,88(2):021604.

[60] LeBlanc L J, Beeler M C, Jimenez-Garcia K, et al. Direct observation of zitterbewegung in a Bose-Einstein condensate[J]. New Journal of Physics, 2013, 15(7):073011.

[61] Kennedy C J, Siviloglou G A, Miyake H, et al. Spin-orbit coupling and quantum spin Hall effect for neutral atoms without spin flips [J]. Physical review letters, 2013, 111(22):225301.

[62] Liu X J, Law K T, Ng T K. Realization of 2D spin-orbit interaction and exotic topological orders in cold atoms[J]. Physical Review Letters, 2014, 112(8):086401.

[63] Ueda M. Fundamentals and New Frontiers of Bose-Einstein Condensation[M]. Second. Singapore: World Scientific, 2010:33-177.

[64] Rayfield G W, Reif F. Evidence for the creation and motion of quantized vortex rings in superfluid helium[J]. Physical Review Letters, 1963, 11(7):305.

[65] 靳晶晶. 两分量玻色-爱因斯坦凝聚体中的涡旋及自旋纹理[D]. 太原:山西大学博士学位论文, 2010:36-40

[66] Li W, Jing-Si L, Ji L, et al. The research progress of topological properties in spinor Bose-Einstein condensates[J]. Acta Physica Sinica, 2020, 69(1):20191648.

[67] Skyrme T H R. A non-linear field theory[M]//Selected papers, with commentary, of Tony Hilton Royle Skyrme, 1994:195-206.

[68] Anderson P W, Toulouse G. Phase Slippage without Vortex Cores: Vortex Textures in Superfluid He 3[J]Phys. Rev. Lett., 1997, 38(9):508.

[69] Schmeller A, Eisenstein J P, Pfeiffer L N, et al. Evidence for skyrmions and single spin flips in the integer quantized Hall effect[J]. Physical review letters, 1995, 75(23):4290.

[70] Wright D C, Mermin N D. Crystalline Liquids: the Blue Phases[J]Rev. Mod. Phys., 1989, 61(2):385.

[71] Neubauer A, Pfleiderer C, Binz B, et al. Topological Hall effect in the A phase of MnSi[J]. Physical review letters, 2009, 102(18):186602.

[72] Yu X Z, Onose Y, Kanazawa N, et al. Real-space observation

of a two-dimensional skyrmion crystal[J]. Nature,2010,465(7300):901-904.

[73] Mermin N D,Ho T L. Circulation and angular momentum in the a phase of superfluid Helium-3[J]. Physical Review Letters,1976,36(11):594.

[74] Al Khawaja U,Stoof H T C. Skyrmion physics in Bose-Einstein ferromagnets[J]. Physical Review A,2001,64(4):043612.

[75] Al Khawaja U,Stoof H. Skyrmions in a ferromagnetic Bose-Einstein condensate[J]. Nature,2001,411(6840):918-920.

[76] Kasamatsu K,Tsubota M,Ueda M. Spin textures in rotating two-component Bose-Einstein condensates[J]. Physical Review A,2005,71(4):043611.

[77] Liu C F,Fan H,Zhang Y C,et al. Circular-hyperbolic skyrmion in rotating pseudo-spin-1/2 Bose-Einstein condensates with spin-orbit coupling [J]. Physical Review A,2012,86(5):053616.

[78] Liu C F,Liu W M. Spin-orbit-coupling-induced Half-skyrmion Excitations in Rotating and Rapidly Quenched Spin-1 Bose-Einstein Condensates [J]. Physical Review A,2012,86(3):033602.

[79] Meystre P. Atom Optics[J]. New York,Springer-Verlag,2001:33.

[80] Lewenstein M,Sanpera A,Ahufinger V,et al. Ultracold atomic gases in optical lattices:mimicking condensed matter physics and beyond [J]. Advances in Physics,2007,56(2):243-379.

[81] Landau L D,Lifshitz E M. Statistical Physics[M]. Third. Pergamon:World Scientific,1980:1.

[82] 程茸. 旋量玻色-爱因斯坦凝聚中的理论物理问题研究[D]. 太原:山西大学博士学位论文 2006:3-9.

[83] Dalfovo F,Giorgini S,Pitaevskii L P,et al. Theory of Bose-Einstein condensation in trapped gases[J]. Review of Modern Physics,1998,71(3):463-512.

[84] Chin C,Grimm R,Julienne P,et al. Feshbach resonances in ultracold gases[J]. Reviews of Modern Physics,2010,82(2):1225.

[85] Stamper-Kurn D M,Ueda M. Spinor Bose gases:Symmetries,

magnetism,and quantum dynamics[J]. Reviews of Modern Physics,2013,85 (3):1191.

[86] Lahaye T,Menotti C,Santos L,et al. The physics of dipolar bosonic quantum gases[J]. Reports on Progress in Physics,2009,72 (12):126401.

[87] Lahaye T,Koch T,Fröhlich B,et al. Strong dipolar effects in a quantum ferrofluid[J]. Nature,2007,448(7154):672.

[88] Lu M,Burdick N Q,Youn S H,et al. Strongly dipolar Bose-Einstein condensate of dysprosium[J]. Physical review letters,2011, 107(19):190401.

[89] Aikawa K, Frisch A, Mark M, et al. Reaching Fermi degeneracy via universal dipolar scattering[J]. Physical review letters, 2014,112(1):010404.

[90] Santos L, Shlyapnikov G V, Lewenstein M. Roton-maxon spectrum and stability of trapped dipolar Bose-Einstein condensates[J]. Physical review letters,2003,90(25):250403.

[91] Yi S,Pu H. Vortex structures in dipolar condensates[J]. Physical Review A,2006,73(6):061602.

[92] Ji A C,Sun Q,Hu X H,et al. Quantum phase transitions and coherent tunneling in a bilayer of ultracold atoms with dipole interactions[J]. The European Physical Journal B,2012,85(6):194.

[93] Shi T,Zou S H,Hu H,et al. Ultracold Fermi gases with resonant dipole-dipole interaction[J]. Physical review letters,2013,110 (4):045301.

[94] Kadau H, Schmitt M, Wenzel M, et al. Observing the Rosensweig instability of a quantum ferrofluid[J]. Nature,2016,530 (7589):194.

[95] Kato M,Zhang X F,Sasaki D,et al. Twisted spin vortices in a spin-1 Bose-Einstein condensate with Rashba spin-orbit coupling and dipole-dipole interaction[J]. Physical Review A,2016,94(4):043633.

[96] Chä S Y,Fischer U R. Probing the scale invariance of the inflationary power spectrum in expanding quasi-two-dimensional dipolar condensates[J]. Physical review letters,2017,118(13):130404.

[97] Borgh M O,Lovegrove J,Ruostekoski J. Internal structure and stability of vortices in a dipolar spinor Bose-Einstein condensate [J]. Physical Review A,2017,95(5):053601.

[98] Zou H,Zhao E,Liu W V. Frustrated Magnetism of Dipolar Molecules on a Square Optical Lattice: Prediction of a Quantum Paramagnetic Ground State[J]. Physical review letters,2017,119(5):050401.

[99] Wenzel M,Böttcher F,Schmidt J N,et al. Anisotropic superfluid behavior of a dipolar bose-einstein condensate[J]. Physical review letters,2018,121(3):030401.

[100] Jia L,Wang A B,Yi S. Low-lying excitations of vortex lattices in condensates with anisotropic dipole-dipole interaction[J]. Physical Review A,2018,97(4):043614.

[101] Zhou X F,Wu C,Guo G C,et al. Synthetic Landau Levels and Spinor Vortex Matter on a Haldane Spherical Surface with a Magnetic Monopole[J]. Physical review letters,2018,120(13):130402.

[102] Chomaz L,van Bijnen R M W,Petter D,et al. Observation of roton mode population in a dipolar quantum gas[J]. Nature physics,2018,14(5):442.

[103] Kolkowitz S,Bromley S L,Bothwell T,et al. Spin-orbit-coupled fermions in an optical lattice clock[J]. Nature,2017,542(7639):66.

[104] Zhang X F,Dong R F,Liu T,et al. Spin-orbit-coupled Bose-Einstein condensates confined in concentrically coupled annular traps [J]. Physical Review A,2012,86(6):063628.

[105] Zhu Q,Zhang C,Wu B. Exotic superfluidity in spin-orbit coupled Bose-Einstein condensates[J]. EPL(Europhysics Letters),2012,100(5):50003.

[106] Read N,Green D. Paired states of fermions in two dimensions with breaking of parity and time-reversal symmetries and the fractional quantum Hall effect[J]. Physical Review B,2000,61(15):10267.

[107] Greiner M,Mandel O,Esslinger T,et al. Quantum phase transition from a superfluid to a Mott insulator in a gas of ultracold atoms[J]. nature,2002,415(6867):39.

[108] Wen L,Xiong H,Wu B. Hidden vortices in a Bose-Einstein

condensate in a rotating double-well potential[J]. Physical Review A, 2010,82(5):053627.

[109] Mithun T,Porsezian K,Dey B. Pinning of hidden vortices in Bose-Einstein condensates[J]. Physical Review A,2014,89(5):053625.

[110] Price R M, Trypogeorgos D, Campbell D L, et al. Vortex nucleation in a Bose-Einstein condensate:from the inside out[J]. New Journal of Physics,2016,18(11):113009.

[111] Wen L H,Luo X B. Formation and structure of vortex lattices in a rotating double-well Bose-Einstein condensate[J]. Laser Physics Letters,2012,9(8):618.

[112] Smerzi A,Fantoni S,Giovanazzi S,et al. Quantum coherent atomic tunneling between two trapped Bose-Einstein condensates[J]. Physical Review Letters,1997,79(25):4950.

[113] Eckel S,Lee J G,Jendrzejewski F,et al. steresis in a quantized superfluid 'atomtronic'circuit[J]. Nature,2014,506(7487):200.

[114] Wood A A,McKellar B H J,Martin A M. Persistent superfluid flow arising from the He-McKellar-Wilkens effect in molecular dipolar condensates[J]. Physical review letters,2016,116(25):250403.

[115] Zhang X F,Kato M,Han W,et al. Spin-orbit-coupled Bose-Einstein condensates held under a toroidal trap[J]. Physical Review A, 2017,95(3):033620.

[116] White A C,Zhang Y,Busch T. Odd-petal-number states and persistent flows in spin-orbit-coupled Bose-Einstein condensates[J]. Physical Review A,2017,95(4):041604.

[117] Helm J L,Billam T P,Rakonjac A, et al. Spin-Orbit-Coupled Interferometry with Ring-Trapped Bose-Einstein Condensates [J]. Physical review letters,2018,120(6):063201.

[118] Dong B,Sun Q,Liu W M,et al. Multiply quantized and fractional skyrmions in a binary dipolar Bose-Einstein condensate under rotation[J]. Physical Review A,2017,96(1):013619.

[119] Zhang X F,Zhang P,Chen G P, et al. Ground State of aTwo-component Dipolar Bose-einstein Condensate Confined in a Conpled Annular Potential [J]. Acta Phys. Sin. ,2015,64(3):030302.

［120］Zhang X F，Han W，Jiang H F，et al. Topological defect formation in rotating binary dipolar Bose-Einstein condensate［J］. Annals of Physics，2016，375：368-377.

［121］Yang H，Wang Q，Wen L. Ground States of Dipolar Spin-Orbit-Coupled Bose-Einstein Condensates in a Toroidal Trap［J］. Journal of the Physical Society of Japan，2019，88(6)：064001.

［122］Kasamatsu K，Tsubota M，Ueda M. Nonlinear dynamics of vortex lattice formation in a rotating Bose-Einstein condensate［J］. Physical Review A，2003，67(3)：033610.

［123］Cozzini M，Jackson B，Stringari S. Vortex signatures in annular Bose-Einstein condensates［J］. Physical Review A，2006，73(1)：013603.

［124］Yi S，You L. Trapped atomic condensates with anisotropic interactions［J］. Physical Review A，2000，61(4)：041604.

［125］Kawaguchi Y，Ueda M. Spinor bose-einstein condensates［J］. Physics Reports，2012，520(5)：253-381.

［126］Mizushima T，Machida K，Kita T. Mermin-Ho vortex in ferromagnetic spinor Bose-Einstein condensates［J］. Physical review letters，2002，89(3)：030401.

［127］Kasamatsu K，Tsubota M，Ueda M. Vortex molecules in coherently coupled two-component Bose-Einstein condensates［J］. Physical review letters，2004，93(25)：250406.

［128］Han W，Zhang S，Jin J，et al. Half-vortex sheets and domain-wall trains of rotating two-component Bose-Einstein condensates in spin-dependent optical lattices［J］. Physical Review A，2012，85(4)：043626.

［129］Wen L，Qiao Y，Xu Y，et al. Structure of two-component Bose-Einstein condensates with respective vortex-antivortex superposition states［J］. Physical Review A，2013，87(3)：033604.

［130］Peaceman D W，Rachford，Jr H H. The numerical solution of parabolic and elliptic differential equations［J］. Journal of the Society for industrial and Applied Mathematics，1955，3(1)：28-41.

［131］Anderson P W，Toulouse G. Phase slippage without vortex cores：vortex textures in superfluid He 3［J］. Physical Review Letters，

1977,38(9):508.

[132] Matthews M R,Anderson B P,Haljan P C,et al. Vortices in a Bose-Einstein condensate[J]. Physical Review Letters,1999, 83 (13):2498.

[133] Fetter A L. Rotating trapped bose-einstein condensates[J]. Reviews of Modern Physics,2009,81(2):647.

[134] Shi C,Wen L,Wang Q,et al. Topological Defects of Spin-Orbit Coupled Bose-Einstein Condensates in a Rotating Anharmonic Trap[J]. Journal of the Physical Society of Japan,2018,87(9):094003.

[135] Skyrme T H R. A unified field theory of mesons and baryons[J]. Nuclear Physics,1962,31:556-569.

[136] Wintz S,Bunce C,Neudert A,et al. Topology and Origin of Effective Spin Meron Pairs in Ferromagnetic Multilayer Elements [J]. Phys. Rev. Lett. ,2013,110(17):177201.

[137] Radić J,Sedrakyan T A,Spielman I B,et al. Vortices in spin-orbit-coupled Bose-Einstein condensates[J]. Physical Review A,2011, 84(6):063604.

[138] Fetter A L. Vortex dynamics in spin-orbit-coupled Bose-Einstein condensates[J]. Physical Review A,2014,89(2):023629.

[139] Xu Z F,Kobayashi S,Ueda M. Gauge-spin-space rotation-invariant vortices in spin-orbit-coupled Bose-Einstein condensates[J]. Physical Review A,2013,88(1):013621.

[140] Qiu H,Tian J,Fu L B. Collective dynamics of two-species Bose-Einstein-condensate mixtures in a double-well potential[J]. Physical Review A,2010,81(4):043613.

[141] Javanainen J,Chen H. Ground state of the double-well condensate for quantum metrology[J].Physical Review A,2014,89(3):033613.

[142] Kartashov Y V,Konotop V V,Vysloukh V A. Dynamical suppression of tunneling and spin switching of a spin-orbit-coupled atom in a double-well trap[J]. Physical Review A,2018,97(6):063609.

[143] Wang J G, Yang S J. Ground-state Phases of Spin-orbit Coupled Spin-1 Bose-Einstein Condensate in an Optical Lattice[J]. Eur. Phys. J. Plus,2018,133,441

[144] Zheng H L, Gu Q. Dynamics of Bose-Einstein condensates in a one-dimensional optical lattice with double-well potential[J]. Frontiers of Physics, 2013, 8(4): 375-380.

[145] Hao Y, Zhang Y, Guan X W, et al. Ground-state properties of interacting two-component Bose gases in a hard-wall trap[J]. Physical Review A, 2009, 79(3): 033607.

[146] Grynberg G, Robilliard C. Cold atoms in dissipative optical lattices[J]. Physics Reports, 2001, 355(5-6): 335-451.

[147] Clark L W, Anderson B M, Feng L, et al. Observation of density-dependent gauge fields in a Bose-Einstein condensate based on micromotion control in a shaken two-dimensional lattice[J]. Physical review letters, 2018, 121(3): 030402.

[148] Pu H, Baksmaty L O, Yi S, et al. Structural phase transitions of vortex matter in an optical lattice[J]. Physical review letters, 2005, 94(19): 190401.

[149] Tung S, Schweikhard V, Cornell E A. Observation of vortex pinning in Bose-Einstein condensates[J]. Physical review letters, 2006, 97(24): 240402.

[150] Radić J, Di Ciolo A, Sun K, et al. Exotic quantum spin models in spin-orbit-coupled Mott insulators[J]. Physical review letters, 2012, 109(8): 085303.

[151] Zhang D W, Chen J P, Shan C J, et al. Superfluid and magnetic states of an ultracold Bose gas with synthetic three-dimensional spin-orbit coupling in an optical lattice[J]. Physical Review A, 2013, 88(1): 013612.

[152] Yang H, Wang Q, Su N, et al. Topological excitations in rotating Bose-Einstein condensates with Rashba-Dresselhaus spin-orbit coupling in a two-dimensional optical lattice[J]. The European Physical Journal Plus, 2019, 134(12): 589.

[153] Goldman N, Juzeliūnas G, Öhberg P, et al. Light-induced gauge fields for ultracold atoms[J]. Reports on Progress in Physics, 2014, 77(12): 126401.

[154] Kartashov Y V, Crasovan L C, Zelenina A S, et al. Soliton

eigenvalue control in optical lattices[J]. Physical review letters,2004, 93(14):143902.

[155] Zhu S L,Wang B,Duan L M. Simulation and detection of Dirac fermions with cold atoms in an optical lattice[J]. Physical review letters,2007,98(26):260402.

[156] Xue J K,Zhang A X. Superfluid Fermi gas in optical lattices: Self-trapping,stable,moving solitons and breathers[J]. Physical review letters,2008,101(18):180401.

[157] Peaceman D W,Rachford,Jr H H. The numerical solution of parabolic and elliptic differential equations[J]. Journal of the Society for industrial and Applied Mathematics,1955,3(1):28-41.

[158] Li Y,Pitaevskii L P,Stringari S. Quantum Tricriticality and Phase Transitions in Spin-orbit Coupled Bose-Einstein Condensates[J]. Phys Rev. Lett. ,2012,108(22):225301.

[159] Zhang Y,Mao L,Zhang C. Mean-field dynamics of spin-orbit coupled Bose-Einstein condensates[J]. Physical review letters, 2012,108(3):035302.

[160] Bychkov Y A,Rashba E I. Oscillatory effects and the magnetic susceptibility of carriers in inversion layers[J]. Journal of physics C:Solid state physics,1984,17(33):6039.

[161] Dresselhaus G. Spin-orbit coupling effects in zinc blende structures[J]. Physical Review,1955,100(2):580.

[162] Dalibard J,Gerbier F,Juzeliūnas G,et al. Colloquium:Artificial gauge potentials for neutral atoms[J]. Reviews of Modern Physics,2011,83(4):1523.

[163] Galitski V,Spielman I B. Spin-orbit coupling in quantum gases[J]. Nature,2013,494(7435):49-54.

[164] Ozawa T,Baym G. Ground-state phases of ultracold bosons with Rashba-Dresselhaus spin-orbit coupling[J]. Physical Review A, 2012,85(1):013612.

[165] Achilleos V,Frantzeskakis D J,Kevrekidis P G,et al. Matter-wave bright solitons in spin-orbit coupled Bose-Einstein condensates[J]. Physical review letters,2013,110(26):264101.

［166］Luo X W,Zhang C. Tunable spin-orbit coupling and mag-netic superstripe phase in a Bose-Einstein condensate［J］. Physical Review A,2019,100(6):063606.

［167］Campbell D L,Price R M,Putra A,et al. Magnetic phases of spin-1 spin-orbit-coupled Bose gases［J］. Nature communications,2016,7:10897.

［168］Luo X,Wu L,Chen J,et al. Tunable atomic spin-orbit cou-pling synthesized with a modulating gradient magnetic field［J］. Scien-tific reports,2016,6(1):1-8.

［169］Sun K,Qu C,Xu Y,et al. Interacting spin-orbit-coupled spin-1 Bose-Einstein condensates［J］. Physical Review A,2016,93(2):023615.

［170］Wang J G,Yang S J. Ground-state phases of spin-orbit cou-pled spin-1 Bose-Einstein condensate in a plane quadrupole field［J］. Journal of Physics:Condensed Matter,2018,30(29):295404.

［171］Adhikari S K. Phase separation of vector solitons in spin-or-bit-coupled spin-1 condensates［J］. Physical Review A,2019,100(6):063618.

［172］Barnett R,Boyd G R,Galitski V. Su(3)spin-orbit coupling in systems of ultracold atoms［J］. Physical review letters,2012,109(23):235308.

［173］Graß T,Chhajlany R W,Muschik C A,et al. Spiral spin tex-tures of a bosonic Mott insulator with SU(3)spin-orbit coupling［J］. Physical Review B,2014,90(19):195127.

［174］Han W,Zhang X F,Song S W,et al. Double-quantum spin vortices in SU(3)spin-orbit-coupled Bose gases［J］. Physical Review A,2016,94(3):033629.

［175］Pietilä V,Möttönen M. Creation of Dirac monopoles in spi-nor Bose-Einstein condensates［J］. Physical review letters,2009,103(3):030401.

［176］Ray M W,Ruokokoski E,Tiurev K,et al. Observation of i-solated monopoles in a quantum field［J］. Science,2015,348(6234):544-547.

［177］Zhou X F, Zhou Z W, Wu C, et al. In-plane gradient-magnetic-field-induced vortex lattices in spin-orbit-coupled Bose-Einstein condensations[J]. Physical Review A, 2015, 91(3):033603.

［178］Li J, Yu Y M, Zhuang L, et al. Dirac monopoles with a polar-core vortex induced by spin-orbit coupling in spinor Bose-Einstein condensates[J]. Physical Review A, 2017, 95(4):043633.

［179］Aidelsburger M, Atala M, Lohse M, et al. Realization of the Hofstadter Hamiltonian with ultracold atoms in optical lattices[J]. Physical review letters, 2013, 111(18):185301.

［180］Wang J G, Yang S J. Ground-state phases of spin-orbit coupled spin-1 Bose-Einstein condensate in a plane quadrupole field[J]. Journal of Physics: Condensed Matter, 2018, 30(29):295404.

［181］Chevy F, Madison K W, Dalibard J. Measurement of the angular momentum of a rotating Bose-Einstein condensate[J]. Physical review letters, 2000, 85(11):2223.

［182］Martikainen J P, Collin A, Suominen K A. Coreless vortex ground state of the rotating spinor condensate[J]. Physical Review A, 2002, 66(5):053604.

［183］Ji A C, Liu W M, Song J L, et al. Dynamical creation of fractionalized vortices and vortex lattices[J]. Physical review letters, 2008, 101(1):010402.

［184］Rooney S J, Bradley A S, Blakie P B. Decay of a quantum vortex: Test of nonequilibrium theories for warm Bose-Einstein condensates[J]. Physical Review A, 2010, 81(2):023630.

［185］Lovegrove J, Borgh M O, Ruostekoski J. Energetically stable singular vortex cores in an atomic spin-1 Bose-Einstein condensate[J]. Physical Review A, 2012, 86(1):013613.

［186］Chen L, Pu H, Zhang Y. Spin-orbit angular momentum coupling in a spin-1 Bose-Einstein condensate[J]. Physical Review A, 2016, 93(1):013629.

［187］Kawaguchi Y, Nitta M, Ueda M. Knots in a spinor Bose-Einstein condensate[J]. Physical review letters, 2008, 100(18):180403.

［188］Arfken G B, Weber H J, Harris F E. Mathematical Methods for Physicists[M]. New York：Academic Press，2000：38-54

[189] Liu C F，Yu Y M，Gou S C，et al. Vortex chain in anisotropic spin-orbit-coupled spin-1 Bose-Einstein condensates[J]. Physical Review A，2013，87（6）：063630.

[190] Dong Y，Dong L，Gong M，et al. Dynamical phases in quenched spin-orbit-coupled degenerate Fermi gas[J]. Nature communications，2015，6（1）：1-9.